世界自動車部品企業の
新興国市場展開の
実情と特徴

小林英夫・金 英善・マーティン・シュレーダー [編]

柘植書房新社

世界自動車部品企業の新興国市場展開の実情と特徴
◆
目次

序章　世界自動車・部品産業の実態 …… 11

第1節　世界自動車・部品産業の実態 …… 12
  1　新興国市場とは …… 13
  2　新興国市場と自動車産業 …… 14
  3　新興国自動車産業研究動向 …… 17
  4　本書の分析視角 …… 18

第2節　日独韓企業の位置と動向 …… 22
  はじめに …… 22
  1　世界市場でのトヨタ、VW、現代 …… 22
  2　企業概要 …… 24
    2-1　トヨタ　24
    2-2　VW　24
    2-3　現代・起亜　26
  3　3企業の特徴 …… 27

第3節　日独韓自動車産業概観 …… 30
  1　産業的規模 …… 30
  2　各国自動車企業の市場動向 …… 32
  3　部品産業の位置と特徴 …… 35

第1章　中国地域における自動車・部品産業 …… 41

第1節　中国市場の特性と主要自動車各社の市場戦略 …… 42
  はじめに …… 42
  1　中国自動車産業概観 …… 43
  2　外資系自動車企業の各社戦略 …… 45
    2-1　トヨタ　45
    2-2　現代　48
    2-3　VW　50
    2-4　日産　54
    2-5　GM　56
    2-6　ホンダ　59
  3　地場自動車各社の企業戦略 …… 60
    3-1　第一汽車（一汽）　60
    3-2　長城汽車　62
  おわりに …… 63

第2節　中国における日韓自動車・部品企業の活動 ………… 65
　はじめに ………………………………………………………………… 65
　1　自動車産業と部品集積の実情 ……………………………………… 65
　2　韓国・中国部品企業を包み込む日系部品企業 …………………… 67
　　2-1　天津　67
　　2-2　山東　69
　　2-3　大連　70
　　　東風日産 70／カルソニック・カンセイ（CK）72／RB社 73／大連工業団地
　　　の現状と位置 74
　3　韓国企業と山東・北京地域部品企業 ……………………………… 74
　　3-1　韓国企業と山東・北京地域　74
　　3-2　山東地域の韓国系部品企業　76
　4　韓国系企業の中国展開の特徴 ……………………………………… 79
　　4-1　現地市場重視の中国展開　79
　　4-2　もう一つの拠点　80
　　4-3　他社拡販の積極性　80
　おわりに ………………………………………………………………… 81

第3節　台湾における自動車メーカーの現状 …………………… 82
　はじめに ………………………………………………………………… 82
　1　台湾の自動車産業の実情 …………………………………………… 82
　　1-1　台湾自動車産業概観　82
　　1-2　台湾自動車産業の輸出状況　85
　2　台湾自動車企業分析 ………………………………………………… 86
　　2-1　国瑞汽車　87
　　2-2　福特六和　89
　おわりに ………………………………………………………………… 89

第2章　アセアン・インドの自動車・部品産業 …………………… 91
第1節　アセアンの自動車・部品産業 …………………………… 92
　はじめに ………………………………………………………………… 92
　1　アセアンの自動車産業概況 ………………………………………… 92
　　1-1　アセアンの自動車生産状況　92
　　1-2　アセアンの自動車販売状況　94
　　1-3　アセアン自動車産業の位置付け　95

タイ 95 ／インドネシア 97 ／その他 99
　2　アセアン自動車・部品産業の最近の傾向 ……………………………… 100
　　2-1　先発グループ　100
　　　タイ 100 ／インドネシア 101 ／マレーシア 103
　　2-2　後発グループ　105
　　　フィリピン 105 ／ベトナム 106 ／カンボジア、ラオス、ミャンマー（CLM 諸国）
　　　108
　3　AEC 問題とアセアン自動車産業 ………………………………………… 110
　　3-1　アセアンにおける自由貿易体制確立　110
　　3-2　アセアン経済共同体（AEC）問題　111
　　3-3　AEC の活用－トヨタ IMV を例に－　113
　　3-4　2015 年以降のアセアン自動車産業予測　115
　おわりに ……………………………………………………………………… 117

第2節　インド自動車・部品産業の現状と課題 ………………………… 118
　はじめに ……………………………………………………………………… 118
　1　インド自動車産業概況 ……………………………………………………… 118
　2　インド自動車企業概況 ……………………………………………………… 122
　　2-1　マルチスズキ　123
　　2-2　現代自動車　123
　　2-3　タタ　124
　　2-4　トヨタ　125
　　2-5　ルノー・日産　127
　　2-6　ホンダ　127
　3　インド自動車部品企業概況 ………………………………………………… 128
　4　インド自動車部品企業の動向 ……………………………………………… 131
　　4-1　トヨタ・キルロスカ・オートパーツ　131
　　4-2　デンソー　132
　　4-3　カルソニック・カンセイ　132
　　4-4　Rane Group　133
　おわりに ……………………………………………………………………… 134

第3章　ロシア、トルコ、中東地区の自動車・部品産業 ……………… 135

第1節　ロシアの自動車部品産業の現状と課題 ………………………… 136
　はじめに ……………………………………………………………………… 136

     1　ロシア自動車産業の足跡 ………………………………………………… 136
     2　ロシア自動車産業の現状 ………………………………………………… 138
       2-1　ロシア自動車生産動向　138
       2-2　ロシア自動車販売動向　139
     3　ロシア自動車企業分析 …………………………………………………… 141
       3-1　生産地域分布　141
       3-2　自動車企業各社の動向　142
         アフトワズ（AvtoVAZ）142／ルノー 143／VW 143／GM 144／トヨタ 144
         ／日産 144／現代・起亜 145／その他の企業 145
     4　ロシア自動車部品企業分析 ……………………………………………… 146
       4-1　地域分布　146
       4-2　部品企業の活動　147
     おわりに …………………………………………………………………………… 149

  第2節　トルコ自動車産業の現状と日韓自動車産業の展開 … 151
     はじめに …………………………………………………………………………… 151
     1　トルコ自動車産業発展史 ………………………………………………… 151
     2　トルコ自動車産業概況 …………………………………………………… 153
     3　主要自動車企業分析 ……………………………………………………… 158
       3-1　外資系企業　158
         フォード 158／マン（MAN）158／ダイムラー 159／フィアット 160／ルノー
         160／いすゞ 161／トヨタ 161／ホンダ 162／現代（Hyundai）162
       3-2　地場自動車企業　162
         オトカ（Otokar）162／BMC 163／カルサン（Karsan）163
     4　トルコ自動車部品産業の特徴 …………………………………………… 165
       4-1　自動車部品産業の現状　165
       4-2　地理的特徴　167
     おわりに …………………………………………………………………………… 168

  第3節　中・東欧の自動車・部品産業概況 …………………………… 169
     はじめに …………………………………………………………………………… 169
     1　全体的動向 ………………………………………………………………… 169
     2　ポーランドの自動車産業 ………………………………………………… 173
       2-1　発展過程　173
         共産党政権下のポーランド自動車産業 173／移行期 174
       2-2　地域的特色　175
         シレジアクラクフ内陸部（図3-9 A）175／シレジア下部（図3-9 B）175／ポ

　　　　　　ズナニ地域（図3-9 C）176／ウイエルコポスルカ南部（図3-9 D）176／ポト
　　　　　　カルパチェ地区（図3-9 E）177
　　2-3　自動車部品企業分析　177
　　　　　　ボルシェフ 177／インターグロクリン 178
　3　中・東欧各国動向 ……………………………………………………… 179
　　3-1　チェコ　179
　　3-2　スロバキア　182
　　3-3　ハンガリー　183
　　3-4　スロベニア　186
　　3-5　ルーマニア　187
　おわりに ………………………………………………………………………… 189

第4章　中南米の自動車・部品産業 ……………………………… 191
第1節　ブラジルにおける日韓自動車・部品産業の実態 …… 192
　はじめに　192
　1　ブラジル自動車産業の歴史と現状 …………………………………… 193
　　1-1　ブラジル自動車産業発展史　193
　　1-2　メルコスール誕生以後のブラジル自動車産業　195
　　1-3　ブラジル自動車産業の現状　196
　　　　　　ブラジルの自動車生産台数 196／ブラジルの自動車販売台数 196
　2　グローバル自動車部品企業のブラジル進出 ………………………… 198
　　2-1　1950年代のブラジル自動車部品産業誕生から Inovar Auto、メ
　　　　　ルコスール誕生まで　198
　　2-2　メルコスールの誕生　201
　3　「INOVAR-AUTO」政策の内容と特徴 ………………………………… 202
　　3-1　Inovar-Auto の誕生　202
　　3-2　Inovar-Auto の概要　203
　　3-3　Inovar-Auto の現状と課題　204
　4　ブラジル進出日韓自動車・部品企業の実情 ………………………… 205
　　4-1　日韓自動車メーカーの動向　205
　　　　　　トヨタ 205／ホンダ・ブラジル 205／現代自動車 207
　　4-2　日韓自動車部品メーカーの動向　209
　　　　　　日系自動車部品企業の動向 209／韓国自動車部品企業の動向 212
　おわりに ………………………………………………………………………… 215

第2節　メキシコ自動車・部品産業の現状と課題 …… 216
　はじめに …… 216
　1　メキシコ自動車産業の現状 …… 216
　　1-1　生産・販売・輸出入動向　216
　　1-2　メキシコの自動車産業の位置　218
　2　メキシコ自動車産業の歴史的発展 …… 220
　3　各国自動車メーカーの動向 …… 222
　4　メキシコ・ブラジル関係 …… 224
　5　メキシコ自動車部品産業の動向 …… 225
　　5-1　生産動向　225
　　5-2　輸出入状況　226
　　5-3　日系部品企業の地理的分布　227
　　5-4　日系自動車部品企業の新たな動き　229
　おわりに …… 231

第5章　日本企業の新興国対応 …… 233
第1節　北九州のTier1、Tier2企業の実態と今後の方向性 … 234
　はじめに …… 234
　1　日産九州の活動の現状 …… 235
　　1-1　現状　235
　　1-2　現調率　236
　　1-3　輸入品比率の上昇　237
　　1-4　部品納入近接化　237
　2　北九州のTier 1、2自動車部品企業の実態 …… 239
　　2-1　T社 - アルミダイカスト技術に磨きをかける　239
　　2-2　Y社 - 精密金型　240
　　2-3　I社 - メッキで威力を発揮する　242
　　2-4　M社 - 事業多角化で危機を乗り切る　243
　　2-5　W社 - プラント設計に活路を見出す　244
　3　北九州自動車部品産業の現状と問題点 …… 246
　　3-1　2013年の変化の特徴　246
　　3-2　海外事業展開の積極化を図ったY社とW社　246
　　3-3　産学連携で技術力アップを図ったT社　247
　　3-4　専業化で事業拡大を図るI社とM社　247

おわりに ……………………………………………………………… 248
第2節　韓国進出日系自動車部品企業の事例研究 ……………… 250
　　はじめに ……………………………………………………………… 250
　1　韓国の全体的状況 ………………………………………………… 250
　2　韓国自動車・部品産業の現状 …………………………………… 252
　3　部品企業動向分析 ………………………………………………… 253
　　3-1　DPS社　253
　　3-2　G社　255
　　3-3　K社　256
　4　日系韓国進出企業の特徴 ………………………………………… 257
　　4-1　韓国を海外展開の拠点とする日系企業　257
　　4-2　韓国ビジネスのキーポイントとなる韓国拠点　257
　　4-3　韓国からのノウハウの吸収拠点　258
　　おわりに ……………………………………………………………… 259
第3節　東北地域の自動車・部品産業 …………………………… 260
　　はじめに ……………………………………………………………… 260
　1　東北の自動車部品産業の現状 …………………………………… 261
　2　東北自動車部品産業概況 ………………………………………… 262
　3　東北地域のTier 1、Tier2自動車部品メーカーの実態 ……… 263
　　3-1　N社 - 自己改革を通じて自動車部品産業へ参入　264
　　3-2　C社 - 海外進出もありだが、まずメッキ技術で参入　265
　　3-3　M社 - プラスチック成型で自動車部品産業へ参入、メキシコにも進出　267
　　3-4　T社 - ドアミラー技術で自動車部品産業に参入　268
　　3-5　KI社 - 足回りプレス部品で生き残る　269
　　3-6　I社 - ダイカスト技術を武器に長い参入歴をもつ　270
　　3-7　TE社 - 樹脂・金型設計で電機部品から自動車部品への参入に成功　271
　　3-8　K社 - 自動車部品産業への参入を目指す　271
　4　東北での部品企業の成長は可能か ……………………………… 272
　　おわりに ……………………………………………………………… 275

【引用・参考文献一覧】277

序章
世界自動車・部品産業の実態

第1節　世界自動車・部品産業の実態

　自動車産業はいま曲がり角に来ている。2000年代以降自動車生産をリードしてきた中国に代表される新興国は、内需の減退と輸出の陰りのなかで、その成長軌道を低めに設定せねばならない状況に追い込まれ始めている。中国を先頭にかつてBRICSと呼ばれた新興国もブラジル、ロシアを筆頭に軒並みその成長軌道の低次修正を余儀なくされているからである。しかし、だからと言ってこの新興諸国の経済力が重要性を失ったということを意味するものではなく、その性格が変化してきたことを

図序-1　市場別新車販売台数の推移

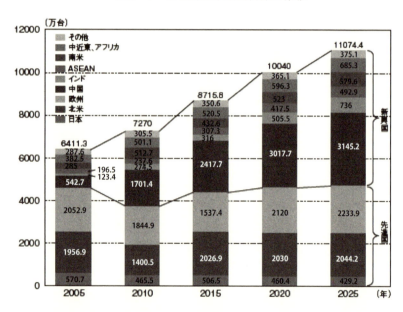

出典：「日経Automotive」2015年10月号

意味するにすぎない。すなわち、先頭集団のトップの座を再度先進工業国に譲りつつも、先頭集団のなかにあってそれなりの存在感を有して頑張っているというのが、これらの新興諸国の自動車産業の特徴なのである。そして、2025年の予測によれば、世界の自動車市場における新興国の比率は、先進国のそれを凌駕するだろうと予測されるのである（図序-1）。

　本書では、そうした新興国の自動車産業の実態に光を当てながら、主に2010年以降のこれらの国々の自動車産業の実態を見ておくこととしたい。新興諸国に焦点を当てる理由は、1つがこれらの国々が占める世界自動車産業の中での位置の大きさであり、今1つは、重要にもかかわらずその研究蓄積が浅いためである。

1　新興国市場とは

　ここで、何の概念規定もせずに新興国という表現を用いたが、そもそも新興国とは一体何なのか。これまでにも新興国という表現は使われてきたし、これからも使われるであろう。ここでさしあたり定義しておくとすれば、開発途上国のなかで高い経済成長率を記録した国々ということになろう。末廣（2014）は、1990年代以降先進国や発展途上国と比較して相対的に高い成長を記録した新興国としてアジア、アフリカ、ラテンアメリカ、中東・東欧の25ヵ国を挙げている。また森（2013）は、GDP、一人当たりGDP、経済成長率の3つの指標を基準に、BRICs各国とインドネシア、ベトナム、ミャンマーなどの国々を挙げている。

　とまれ、GDPを増加させる産業分野を持っているということが決定的に重要であろう。それが第一次産業か第二次産業かはさほど重要ではない。GDPを拡大させ得るものが石油などの鉱物資源の輸出である場合もあるし、IT産業や自動車産業である場合もある。そうした牽引産

業を有していることが新興国の資格条件となろう。こうした牽引産業があればこそ富裕層が生まれ、それが拡大し、電機・自動車販売市場を形成することとなる。したがって新興国市場と自動車産業を結びつけるものは、生産基地としてのそれと販売市場としてのそれとの二様の側面があるということになる。

2　新興国市場と自動車産業

具体的に自動車産業における新興諸国の位置を確定しておくこととしよう。考察は生産と販売の両面から行われなければならない。まず、2010年と2014年を比較した世界自動車生産動向を見ておこう（表序-1）。OICAのデータによれば2014年の世界自動車総生産台数は9,131.4

表序-1　世界自動車生産動向

	国　名	２０１４年	２０１０年比
1	中国	23,722,890	29.9%
2	米国	11,650,368	50.5%
3	日本	9,774,665	1.5%
4	ドイツ	6,121,337	3.6%
5	韓国	4,524,932	5.9%
6	インド	3,878,460	9.5%
7	メキシコ	3,388,668	44.4%
8	ブラジル	3,172,750	▲13.0%
9	スペイン	2,423,852	1.5%
10	カナダ	2,393,890	15.7%

出典：フォーイン『世界自動車調査月報』（2015・6）。

万台で、中国の 2,372.3 万台を筆頭に米国、日本、ドイツ、韓国、インド、メキシコ、ブラジル、スペイン、カナダの順で並んでいる。米国、日本、ドイツ、韓国、カナダを除く 4 ヵ国はすべて新興国である。次に販売動向を見ておこう（表序 -2）。2014 年の世界自動車総販売台数は 8,766.6

表序 -2　世界自動車販売動向

	国　名	２０１４年	前年比
1	中国＊1	23,491,893	6.9%
2	米国	16,842,033	6.0%
3	日本	5,562,888	3.5%
4	ブラジル	3,498,012	▲7.1%
5	ドイツ	3,356,718	3.0%
6	インド＊2	3,216,400	▲1.9%
7	英国	2,843,030	9.5%
8	ロシア＊3	2,693,358	▲11.5%
9	フランス	2,210,927	0.2%
10	カナダ	1,889,309	6.1%
11	韓国	1,660,252	7.8%
12	イタリア	1,492,391	5.1%
13	インドネシア	1,208,019	▲1.8%
14	メキシコ	1,170,646	6.2%
15	オーストラリア	1,113,224	▲2.0%

注）＊1　国産車の台数で、輸入台数を含まない。＊2　国産車のみ。＊3　小型商用車のダブルカウントを含む。
出典：フォーイン『世界自動車調査月報』（2015・6）。

万台だが、そのうち中国が 2,349.2 万台で第 1 位を占め、以下米国、日本、ブラジル、ドイツ、インド、英国、ロシア、フランス、カナダの順で並んでいる。ここではブラジル、インド、ロシアが上位 10 位の中を占めている。生産でも販売でも新興国の占める比重は相当高いことがわかる。しかし問題はその伸び率である。2010 年と比較した場合、その伸び率は生産面ではメキシコが 44.4%、中国が 29.9% を示しているものの、インドは 9.3% と極端に低く、ブラジルに至っては 13.0% のマイナスである。逆に米国は 50.5% という大幅な伸びを示している。同じ視点で販売を見ておこう。ここでも中国は 6.9% の伸びを示しているとはいえ、かつての新興国の代表だったブラジル、インド、ロシアは軒並みマイナスであり、次代の新興国として注目されたインドネシアもマイナスを記録している（OICA による）。つまり、新興国は、かつては生産、販売両面で世界自動車市場を牽引してきたのだが、2015 年に至り、牽引役を米国に譲りながらも、なお先頭集団群としてそのパワーを維持してきているのである。

　我々は、本書において、そうした位置づけを持つ新興国の自動車・部品企業に焦点を当てて、その実態に迫ることとした。

　我々は、この新興国市場を考察する場合、これを個々の国で見るのではなく一塊の地域として考察することを試みた。例えば、中国を除けば、アセアン、中東欧、中南米といった具体的に一つの国家群として新興国市場の特徴を抽出しようと考えたのである。

　本書出版のもう一つの理由は、新興国市場に東欧やトルコといった地域を含んだことがあげられる。確かに自動車産業に関して、各国別の研究や BRICs に代表される地域別研究は十指に余るほどあるが、さらにそれを超えて世界的な新興国の自動車産業の実態となると、さすがにそれをカバーした研究書は少ない。本書は、BRICS のみならず、2015 年以降躍進目覚ましいメキシコや中東欧なども分析視点に加えながら考察

を試みている。

3　新興国自動車産業研究動向

　ここで、ごく簡単に研究史を素描しておこう。新興国に該当する個々の国々の自動車産業を分析した研究業績は数多くあるが、ここではトータルに検討した研究業績に絞ってみてみよう。新宅（2009）、Carillo（2004）、天野・新宅・中川・大木（2015）、上山（2014）などがそれである。そのなかで新宅（2009）は、先進国市場に強い日系企業がなぜ新興国市場でその強さを発揮できないかに焦点を当てた研究を出している。新宅は、その秘密は、製品の「造り」（裏の競争力）の悪さにあるのではなく、マーケティングやブランド戦略（表の競争力）の弱さにある、と指摘したのである。新宅の説明は、新興国市場の特殊性、先進国市場と異なる特性を把握していない限り新興国市場での売れ筋製品を生み出すことは難しい、と主張するのである。この新宅の方法を援用しつつ上山（2014）は、その副題に「新興国市場における攻防と日本メーカーの戦略」と題するように中国、インド、ロシア、ブラジル、アセアン地域の自動車産業と新興国に高いシェアをもつVWと現代・起亜の分析を行っている。また、Carillo / Lung / Tulder（2004）は「Region」「Regional Strategy」「Regional Integration」といった概念を使って世界市場を区別し、自動車産業の展開を追っている。そのなかで、メルコスール、アセアン、CIS、南北アフリカ諸国、インド、中国、メキシコ、カナダの自動車産業の分析を行っている。本書はCarillo / Lung / Tulderの作業を継承しつつも、「Regional Integration」という視点ではなく、その亜種ともいうべき「Emerging Region」に焦点を絞り、事項で述べる新興国市場の規定に従い、当該地域での自動車産業の分析を行うこととする。

表序-3 市場特性による新興国市場分析

	中国	アセアン	インド	ロシア	トルコ	中東欧	ブラジル	メキシコ
面積(万km²)	959.7	448.7	328.7	1709.8	78.4	79.1	851.5	196.4
人口(万人)	139,378	61,673	126,740	14,246	7,584	8,806	20,203	12,379
GDP(億ドル)	103,548	25,206	20,485	18,606	7,984	12,374	24,166	12,947
一人当たりのGDP	7,590	1,095〜56,285	1,582	12,736	10,515	10,000〜24,002	11,727	10,326
乗用車一台当たりの人数(人)	26	2.5〜4800	66	4	9	1.9〜4.8	7	5
識字率	95	72.7〜96.4	63	100	95	98.6〜99.7	91	94
政治体制	社会主義市場経済体制	王政のタイ、ブルネイを除き他は共和制	共和制であるが、規制緩和を急速に進めている	旧社会主義国だが、現在は共和制。しかし社会主義体制の遺制が強く残る	共和制だが政治不安を抱える	旧社会主義国だが、現在は共和制	共和制だが、政情不安が拡大	共和制で対米連携が強い
市場の特徴	規制が強いが2000年以降順次緩和されている	「AEC2015」及び「AEC2018」で統一市場を形成、宗教、GDP格差に多様性	州の権限が強大であるため、全国統一市場の形成が弱い、カースト、宗教的多様性あり	規制が強く、欧露が経済の中心で工業の地域的偏りが強い	EUとの経済連携が強く、その周辺部を形成する市場特性を持つ、宗教的対立を内包	共和制移行後はEUの一環に組み込まれてその一翼を形成している	経済不況が深刻で、市場の動揺が激しく生産性は低下	共和制で対米政情不安が拡大 NAFTAでアメリカ経済と一体化の動きが強い
開発	各社ともに市場仕様向けR&D	タイ、インドネシアに新興国市場仕様車両開発が集中	インド4拠点<デリ、ムンバイ、チェンナイ、コルカタ>で市場仕様の開発体制	欧露に市場仕様の開発拠点あり	開発拠点がなく、生産が中心である。フィアットクライスラーは商用車開発を移転	開発拠点はないが、一部チェコなどに新興国市場仕様の現地開発をもつ	Big4<フィアット、VW、GM、フォード>の独占市場。市場仕様の現地開発	開発拠点はなく、アメリカ市場向け<一部南米向け>自動車生産基地となる
製造方法	多様な生産方式だが、CBU生産方式	CBU生産<タイとインドネシア>とCKD生産の混在	CBU生産方式	CBU中心だが、一部にCKD生産あり	CBU生産とCKD生産の混成	CBU、CKD生産あり	CKDとCBUの混在	CBU生産主体

出典:早稲田大学自動車部品産業研究所作成。

4 本書の分析視角

　新興国市場での自動車産業を分析するに際し、我々は、その市場特性の特徴から新興国市場を以下の中国、アセアン、インド、ロシア、トルコ、中東欧、ブラジル、メキシコの8地域に分けたい。次に、これらの8つの地域の人口、国土面積、GDP総額、一人当たりGDP、自動車普及率、識字率といった指標に加えてこれらの8地域の政治体制、市場の特徴、開発体制、製造方法の特徴を記したマトリックスが序表−3で

ある。

　これらの新興国に共通の特徴は、広大な国土、膨大な人口、巨大なGDPという大国的特徴を具備しながら、逆に一人当たりGDPは1万ドル以下で、自動車保有率も低い。しかし識字率は相対的に高く、優秀な労働者が幅広い底辺層を形成している。つまりは、図序‐1のデータ通りに将来性のある市場であり、すぐれた生産拠点であることを裏付けている。

　次に政治体制だが、これらの国々のなかにはトルコ、ブラジル、タイに見られるように政情が不安定な国がないわけではないが、全体的には相対的に安定した政治状況を保持している。市場条件という点では、その規制度の強弱という点から見れば、中国、インド、ロシア、中東欧、ブラジルのようにかつて社会主義もしくは計画経済的システムを採用していた国が多く、その遺制が色濃く市場の中に投影されている国々が多い。他方で、FTA（自由貿易協定）やEPA（経済連携協定）を活用した経済統合が急速に進行している地域が多いことである。ここにあげた諸国や地域はすべてそれに該当するといっても過言ではないが、特に注目すべきはアセアン地域であろう。アセアンでは「AEC2015」、「AEC2018」問題と連携して広域市場の形成がみられ始めていることである。

　次にやや立ち入って自動車の生産という面での諸特徴を見ておくこととしよう。その特徴を一言でいえば、その多くが生産拠点であって、開発拠点ではないという点であろう。開発機能は、先進国の本社機能の一環として位置づけられ、これら新興国では、開発拠点があるといっても、それは各市場仕様の派生車開発に過ぎない。もっとも2010年以降は、新興国市場の重要度の高まりと新興国市場での顧客の要求度の高まりに照応して、こうした顧客のニーズにこたえるべき新興国市場向け車両の開発拠点としてブラジルなどが選択されるケースも出てきている。製造方法だが、これも従来型の部品企業の産業集積を基本としたCBU（完

成車）生産とともに、サプライチェーンネットワークの活用を前提とした CKD（部品組立）生産も広がりを見せ始めている。

　ここで、簡単に新興国市場の全体的特徴をまとめておこう。まず、新興国市場は均一性を持っていないという点である。市場は、GDP、文化・宗教を含めて重層的多様性を有している。こうしたマーケットはその新興性ゆえにブランドの確立が不確定で、先進国のブランドイメージが広がる反面、新興ブランドが急速に強力なポジションを占める可能性も少なくない。インドでのスズキブランド、ブラジルでのフィアットクライスラーブランドなどがその好例である。

　車づくりも多様であり、先進国が CBU 生産主流であるのにたいして、新興国市場は CBU もあるが、CKD もそれなりに力を持っていて、車作りの手法は多様である。こうした車作りの多様さを反映して、部品産業の集積も同時に多様性を帯びる。つまり、CBU 用の OEM 生産に対応した部品産業集積と同時に CKD 生産も広がりを見せ、CBU 高価格帯、CKD 低価格帯のすみわけを伴いながら 2 重の重層的市場構造が形成されている国が少なくない。

　次に、これらの新興国の将来の不安材料に関して指摘しておこう。新興国は、成長の反面こうした政治不安を抱え込んだ国が少なくない。ブラジルでは不景気と大統領汚職問題で政治不安が増加しているし、トルコでもイスラム過激派問題をかかえ、その処理を巡りロシアと外交上の問題を抱え込むなど外交的軋轢が絶えない。そうした中でロシアそのものも経済危機の克服が円滑にいかず厳しい経済状況にある。2015 年に限定してみれば、新興国は資源大国が多いだけに、資源価格の低落がこれらの国々の外貨事情を圧迫しているのである。

　しかし、これまで進めてきた経済統合は引き続き継続的に進行するであろうことは間違いない。そうしたなかには成功例もあれば失敗例もみられた。これらの成否が新興国の今後の自動車産業を含む産業発展に大

きな影響力を持つであろうことは言うまでもない。

序章の最後で本書の各章の構成を示せば以下の通りである。

第Ⅰ章中国地域における自動車・部品産業は、中国、台湾の自動車・部品産業の実情の検討を通じて、中国、台湾市場の特徴と問題点を摘出することにある。考察にあたっては、第1節では中国市場の特性と主要自動車各社の市場戦略の概観を行い、第2節では中国における日韓自動車部品企業の活動を検討する。第3節では、台湾の自動車メーカーの現状に焦点を当て、その活動状況を概観する。

第2章アセアン・インドの自動車・部品産業では、まず、第1節でアセアンの自動車産業の現状を各企業別、国別に分析し、アセアン経済共同体（AEC）と自動車産業の関連を検討し、その活用例としてトヨタのIMVを取り上げる。続いて第2節インド自動車・部品産業の現状と課題は、インド自動車市場を概観し、主要企業のインド市場での位置を見きわめる。

第3章は、ロシア、トルコ、中東地区の自動車・部品産業の分析を行う。第1節はロシアの自動車部品産業の分析を、第2節はトルコの自動車産業の現状分析を、第3節は中・東欧の自動車・部品産業の分析を行う。

第4章は、中南米の自動車・部品産業の分析である。第1節はブラジル自動車・部品産業の実態を、第2節はメキシコの自動車・部品産業の実態を、それぞれ分析する。

第5章は、日本企業の新興国対応の分析を行う。第1節は、東海・関東に次ぐ「第2の極」と称された北九州地区の自動車産業の分析を行う。第2節は韓国へ進出した日系自動車部品企業の動向分析を行う。そして第3節は、「第3の極」と称される日本の新興自動車生産地域である東北地区の分析を行う。

第2節　日独韓企業の位置と動向

はじめに

　新興国市場での優劣がその後の自動車企業の優劣に大きな影響を与えるとすれば、これらの市場にトップ企業がいかに対応しているのだろうか。先ず第2節では、トップ集団を形成している世界第1、第2位のトヨタ、VWと第5位の現代・起亜の3大企業集団をとりあげ、新興国市場での位置を確認したあと、それぞれの本社がある日本、ドイツ、韓国での自動車産業の位置を確定しておくこととしよう。

1　世界市場でのトヨタ、VW、現代

　まず世界市場でのトヨタ、VW、現代・起亜3社の動向を見ておくこととしよう。図序-2は各国市場で3社が占める市場占拠率を示している。3社ともに共通する点は、自国市場では、トヨタ、VWが4割、現代・起亜が7割と幅はあるが、それぞれ第1位のポジションを占めていることである。そして各地域別に見てみるとトヨタはアメリカと新興地域であるASEANで大きな比重を占めている。それに対してVWは、欧州に加え、中国、ブラジル、ロシアといった新興国市場において高いシェアを記録している。そして現代・起亜は、中・東欧、ASEANのなかでのベトナムそしてインド、ロシアで比較的高い市場シェアを記録しているのである。つまり全体的な特徴としてトヨタや現代・起亜が特定地域で高い市場シェアを示すのに対して、VWは得意な地域をもちつつ

図序-2 トヨタ、VW、現代の国別マーケットシェア

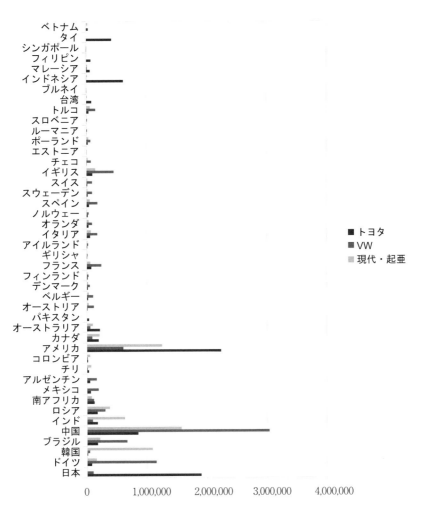

出典：National Automobile Manufactures Association（2013）データより作成。

も、全体的に世界市場で万遍なくそれなりのシェアを稼ぎ出しているのである。

2 企業概要

2-1 トヨタ

　トヨタ自動車が誕生したのは1937年で、翌38年には愛知県挙母町に本社工場が建設された。その後次々と工場を拡張した。そして部品工場を分社化してその周辺部分に部品工場が建設された。本社工場から半径15キロ以内に豊田自動織機、トヨタ紡織、豊田車体、デンソー、アイシン精機などが設立された。敗戦でトヨタは壊滅的打撃を受けたが、戦後はGHQのトラックなどの受注で復興を図り、48年から49年の不況と経営危機を金融機関のサポートや合理化で乗り切り、朝鮮特需で息を吹き返した。59年には元町工場が完成し、60年代にはトヨタ生産方式と呼ばれる効率的な生産システムを完成させ（佐武，1998）、その後次々と新工場をたちあげ生産規模を拡大した。こうして2009年には愛知県に12工場が稼働している。その後トヨタは、国内生産とともに1980年代に対米貿易摩擦回避の目的でアメリカに進出して以降急速に海外生産も拡充させて、2014年現在で世界の生産拠点69個所（国内16、海外53）、生産台数は約900万台で世界トップの集団にある（トヨタHP）。

2-2 VW

　VWの現状と戦略を説明する前に、VWの歴史を簡単に紹介しておく。VWは1937年ナチスの時代に設立された。トヨタとほぼ同時期に

設立された。ヒトラーは、国家プロジェクトの一環として、ドイツの軍事力強化のために「国民車」構想を推進した (Kluke, 1960)。その結果、VWは戦争中は軍事用の車両のみ生産していた。戦後一時期VWはイギリス軍の管理下に置かれ、主に軍事車両の修理に従事していた。しかし1949年にイギリス軍の管理下から西ドイツ政府に移管された。そして1960年に民営化され、ドイツ政府とニーダーザクセン州政府がVWの株式を20％ずつ保有した。ドイツ政府はその株式を公開したが、依然として政府との政治的関係は強い。ニーダーザクセン州も同様で同州の首相はVWの監査役会メンバーでもある。

　このように公的機関が支配力を持つ一方、創業者一族であるポルシェはPorsche Automobil Holding SEを設立し、2007年、2008年にVWの買収を試みた。しかしその計画は失敗に終わる。その買収過程でポルシェは借入金が激増、逆にVWグループの子会社になった。しかしPorsche Automobil Holding SEはポルシェ・ピエヒ家族のホールディング会社としてVWの経営に大きな影響力を有しており、現在VWはポルシェ家及びニーダーザクセン州、カタールが管理している。

　この間VWは、1966年、1969年にドイツアウトウニオン（Auto Union）やNSUを、1986年にはスペインのセアト、1991年はチェコのシュコダを買収した。そして、1998年以降ベントレー、ブガッティ、ランボルギーニを買収した。続いて、トラック企業のMANやスカニア及びオートバイ企業のドゥカティも買収している。

　今日のVWブランド工場はニーダーザクセン州を中心に5ヵ所ある。トヨタが愛知県に生産拠点を集中している点と酷似している。そして、VWグループはアウディ及びMAN、ポルシェを買収したため南ドイツ（バーデン・ヴュルテンベルク州、ババリア州）に7つの工場を有する。その結果、VWブランドは業界トップの位置にあるが、グループはドイツの各地で生産している。

VW の将来についてはさまざまな課題がある。1つは 2014 年、VW グループは 1,000 万台を販売したが、VW ブランドの収益率は減少傾向にあることだ。2つには MQB (Modulare Quer Baukasten) 生産システム導入の投資は巨額で、かつモジュール生産方式のコストダウン能力はそう大きくはないことである。こうした状況下で、VW は 2018 年まで 6 億ユーロをコストダウンすることを発表した (Manager Magazin, 2014 年 12 月 9 日)。

そんななかで、2015 年 9 月、VW の排気ガス規制偽装問題が発生、リコール問題の中で VW は、厳しい経営問題に直面している。

2-3　現代・起亜

現代自動車の前身は 1967 年 12 月に設立された現代モーターである。同社はその翌年からイギリスフォード（フォードの子会社）と技術及び組立の契約を提携し、本格的に自動車生産に参入した。1969 年から「コルチナ」の生産販売を開始した。しかし、フォードとの提携は長く続かなかった。エンジン工場の建設を巡って両社は合意を達成できず、結局提携を解消するに至った。

1973 年には日本の三菱自動車と技術提携を結んだ。同年に韓国政府は「長期自動車工業振興計画」を推進したが、現代自動車はこの時期に蔚山工場を立ち上げた。そして、三菱自動車のコルトエンジンとイタリアのエンジンを導入し、1,300cc クラスの初の国産モデル「ポニー」の開発に成功したのである。エンジン技術がまだ弱い現代自動車は、この時期に金型製作及びプレス作業に関する技術を習得するために、日本の荻原製作所にエンジニアを派遣した。1985 年にはカナダに年産 10 万台の規模の乗用車組立工場を立ち上げた。同工場は韓国初の海外自動車生産工場であったが成功せず、数年で撤退を余儀なくされた。1991 年

に韓国初のエンジン、トランスミッションの開発に成功した。以降、現代自動車は今日まで韓国で生産台数トップの座を守っている。

　起亜自動車の前身は、1944年に設立された京城精工である。自転車からスタートして、オートバイ、3輪自動車と4輪貨物車、そして小型乗用車へと次々と事業を拡大させ、1976年には大型商用車メーカーの亜細亜自動車を買収した。ほかにも起亜機工などの会社を次々と買収し総合自動車メーカーに成長するための足場をつくった。

　技術提携史をみると、1971年にはマツダとの技術提携で4輪トラックを、1974年からは乗用車の生産を始めた。この頃、韓国初の総合自動車工場として、京畿道始興に年間2.5万台の生産能力をもつ所下里工場を立ちあげ、韓国初のセダン乗用車「ブリサ」を生産した。

　1990年に社名を起亜自動車に変更した。アジア金融危機の影響を受け、1997年7月に不渡り防止協定対象企業として指定された。同年10月に法定管理体制に入り、翌年には経営破綻し現代自動車の傘下に入った。同社の名が世に知られるようになったのは「スポルテージ」の発表からである。「技術の起亜」と呼ばれる同社はアジア金融危機後、とりわけデザインに注力したことで有名である。

3　3企業の特徴

　表序-4はトヨタ、VW、現代・起亜3社の国内海外別の販売台数、生産台数、雇用者数一覧である。まず全体的特徴としていえることは、3社とも海外に依存する比率が共通して高いことである。3ヵ国ともに国土は日本が32万平方キロ、ドイツが28万平方キロ、韓国は11万平方キロで、いずれも中国の20分の1以下、アメリカの15分の1以下という小国であり、人口も日本の1億2千万人を筆頭にドイツの8千万人、韓国の4千万人と13億人の中国や9億人のインド、2億3

表序4　トヨタ、VW、現代・起亜の販売・生産・雇用動向（2012）

		トヨタ	VW	現代・起亜
販売台数（台）	国内	2,412	1,207	667
	海外	7,336	8,137	3,725
	計	9,748	9,345	4,392
生産台数（台）	国内	4,420	2,321	1,905
	海外	5,489	6,934	2,498
	計	9,909	9,255	4,403
雇用者（人）	国内	69	237	96,475
	海外	256	296	…
	計	325	533	…

出典：2012 Annual Reports of Toyota and VW (Toyota and VW figures include all subsidiary brands), KAMA.(2014)

千万人のアメリカと比較するとこれまた小国で、国内市場は狭小であるといえよう。

　こうした地理的条件を反映して、3ヵ国企業ともに経営の諸ファクターは海外が大きな比重を占めている。なかでもVWと現代・起亜でその傾向が著しい。まず、販売台数を見てみよう。トヨタが970万台、VWが930万台、現代起亜が440万台で世界で1位、2位、5位を占めているわけだが、その内実を見ると、狭い国土、少ない人口を反映してトヨタの国内販売は240万台、VWは120万台、現代・起亜は70万台にすぎない。各社ともに残りは輸出や現地生産を通じて海外市場で販売しているのである。いかに海外市場が大きな意味を持つかはこの一事を以てしても明らかであろう。

　この事実は生産部門にも影響を与える。3社ともに国内生産と比較すると海外生産比率は高いが、トヨタや現代・起亜と比較するとVWは

それが際立っている。最大の理由は、この統計のなかにはトヨタでは子会社のダイハツ、日野が含まれ、また現代・起亜はその名の如く現代と起亜を合計した数値が含まれているが、それら企業の生産基地がそれぞれ国内にあることである。対照的にVWは、アセト、シュコダ、ベントレー、ブカッティ、ランボルギーニ、スカニアなど主要子会社が国外で生産を展開している。この相違がこの統計に表われている。VWは、ただでさえ海外生産比率が高いのだが、海外の企業買収はそれをさらに上積みさせているのである。

　では、最後の雇用はどうであろうか。ここでも3社ともに国内と比較すると海外雇用者数が大きいという特徴を持っているが、生産比率とは逆にここではVWは高い国内雇用率を示し、海外とほぼ同一である。その理由は二つある。一つはVWの部品内製化率が高いことである。VWは、エンジン、アクスル、トランスミッション関連、ブレーキシステムを内製化しており、その分国内従業員の比率が高くなる。二つめとしては、VWはニーダーザクセン州の巨大な少数株主（20％）と労働組合の意向を無視して行動することができないことがあげられる。したがって、例えばVWよりGMの子会社のオペルの方が部品生産をアウトソーシングし、積極的に海外展開しているのである。

第3節　日独韓自動車産業概観

　第3節では、日独韓3国の自動車・部品産業の国民経済上の位置の確定を通じてその重要性を確認してみることとしたい。

1　産業的規模

　まず、自動車産業の規模という点からみれば、2015年において日本の年間生産台数は978万台で、中国、アメリカに次いで世界第3位の規模を持つのに対して、韓国は456万台で、603万台のドイツに次ぐ世界第5位の位置を保持している。2000年以降日本が中国に抜かれて第3位にランクを落としたのとは対照的に韓国は2005年に第6位からフランスを抜いて第5位にランクアップし、以降現在の位置を保持している。日独韓は、世界で第3位、4位、5位を占め世界のトップを争う自動車生産大国であることがわかる。

　では、自動車産業は、日独韓3ヵ国の国内ではいかなる位置にあるのだろうか。次に自動車・同部品産業が日独韓3ヵ国経済に与える影響を見てみることとしよう。まず日本の場合だが、JAMAの情報に依れば、2014年において日本の全製造業出荷額305兆140億円のうち自動車製造業は53兆3,101億円で17.5％を占め、輸送機器産業のなかでその88.8％を占める巨大産業なのである。その内訳をみると自動車部品が30兆7,078億円で10.1％（対全製造業）57.6％（対自動車産業）、自動車製造業22兆293億円で7.2％（対全製造業）41.3％（対自動車産業）を占めている。いかに自動車産業では部品部門が占める比重が大きいかがわかる。

次に就業人口中に占める自動車関連就業人口をみておこう。

　日本の全就業人口は 6,376 万人であるが、うち自動車関連就業人口は 529 万人で全体の 8.3％を占める。当部門は日本を代表する産業の一つなのである。その中身は、車を製造する「製造部門」、運輸サービスを内容とする「利用部門」、素材材料関連の「資材部門」、販売や整備を担当する「販売・整備部門」からなるが、製造業の根幹をなす「製造部門」に従事する者は 81.4 万人で、自動車関連人口の 15.3％を数える。さらにその内訳をみると自動車製造業人口は 18.8 万人で「製造部門」の 23.1％を占めるのに対して、自動車部品製造業従事者は 60.9 万人で 74.8％を占めているのである（「JAMA」HP より）。つまり、自動車産業という場合には、自動車メーカーに部品を納める部品メーカーの位置と役割が非常に大きいことが分かる。

　次に 2015 年における日本の商品別輸出額に占める自動車産業の位置を見ておくこととしよう。2015 年の輸出総額 75 兆 610 億円のうち自動車関連（4 輪、2 輪、部品）は 14.89 兆円で全体の 21.0％を占めているのである。これは輸送用機器 18.14 兆円の 87.6％を占め、電気機器の 13.29 兆円、17.6％を凌駕し、一般機械の 14.42 兆円、19.1％をも上回る（「JAMA」HP より）。つまりは、日本の自動車・部品産業は、出荷額、雇用者数、輸出額で、日本経済に決定的意味を持つということがわかる。

　次に 2015 年におけるドイツの自動車産業の位置を見ておくこととしよう。全製造業の売上高は 2.89 兆ユーロで、そのうちに占める自動車産業の比率は、6,591 億ユーロと、全体の 22.8％を占めている。次に雇用のなかに占める比率を見てみると、自動車関連は 77.5 万人で、全製造業雇用者の 7.5％を占めており、いわゆる「10％産業」としての位置を下回っている。さらに輸出に占める比率をみれば、全輸出額 1.09 兆ユーロに対して、自動車及び自動車関連部門が占める輸出額は 2,264

億ユーロで全体の20.8％を占めているのである（「THE LOCALde」HP, 2015年9月24日）。

　では、韓国の場合はどうであろうか。韓国自動車部品協同組合（KAICA）のデータによれば、2014年の韓国の全製造業出荷額1,499兆ウオンのうち自動車製造業は189兆ウオンで12.7％を占める巨大産業なのである（KAMA, 2015）。日本より若干比率が低いのは、韓国ではサムスン電子など半導体・携帯電話・テレビ生産で世界に冠たる巨大企業が存在しており、家電部門が壊滅的打撃を受けて電機産業が弱体化した日本とは状況が異なることがあずかって大きい。

　次に就業人口中に占める自動車関連就業人口をみておこう。韓国の製造業就業人口は287.4万人であるが、うち自動車関連就業人口は27.7万人で全体の9.9％を占める韓国を代表する産業の一つなのである。次に韓国の商品別輸出額に占める自動車産業の位置を見ておくこととしよう。2012年の輸出総額3,714.9億ドルのうち自動車関連（4輪、2輪、部品）は489.7億ドルで全体の13.2％を占めているのである（KAICA, 2015）。

　つまりは、日独韓3ヵ国ともに自動車・部品産業は、出荷額、雇用者数、輸出額で、それぞれの国民経済に大きな影響力を持っていることがわかる。

2　各国自動車企業の市場動向

　次に各国の自動車市場を概観しておこう。まず、日本の場合だが、2015年の主要8社の生産動向は以下に示す通りである（表序-5）。生産台数でみればトヨタ、日産、ホンダの順であるが、トヨタが全体の32.3％を占めて他を圧倒して高い比率を占めていることがわかる。さらに国内と海外の生産比率を見た場合には、2007年から2012年まで続

いた円高を反映してマツダ、三菱、スバルを除く5社の海外生産比率が国内のそれを上回っている。そして、その傾向は、ホンダ（海外生産比率80.4％）と日産（同80.5％）において顕著である。もっとも日本の場合には、国内生産927.8万台の市場にトヨタを筆頭に日産、ホンダ、スズキ、三菱自、ダイハツ、マツダ、富士重、いすゞ、三菱ふそう、日野、UDトラックスの合計12社がひしめいている。したがって、最大のシェアを誇るトヨタでも国内生産は318.8万台余で、30％台を占めるに過ぎないし、ダイハツを含むトヨタグループを加算しても416.8万台余と44.9％で、半分にも達していない（各社HPより，2015年）。

表序-5 日本における主要8社の生産動向

		トヨタ	日産	ホンダ	スズキ	マツダ	三菱	スバル	いすゞ
生産台数（台）	国内	3,188,444	872,831	760,899	937,568	972,237	635,441	709,749	272,449
	海外	5,740,631	4,297,225	3,457,740	2,096,513	568,339	583,412	228,804	398,780
	計	8,929,075	5,170,056	4,731,750	3,034,081	1,540,576	1,218,853	938,553	671,229

出典：各社HPにおける2015年ないしは2015年度実績より。

では、ドイツの場合はどうであろうか（表序-6）。ドイツでは、VWの海外生産比率は73.9％と極端に高い数値となっている。逆にそれ以外のBMWやダイムラーは、ドイツ国内での生産比率が海外生産比率を大きく上回る。こうしたVWの特徴に関しては本章第2節で検討した通りである。

BMWとダイムラーは高級車メーカーであるために、国内生産を主体とし、ドイツの高いモノづくり技術を背景に輸出戦略を展開してきた。しかし、この両社は中東欧から部品供給を受けて生産しており、ダイムラーの場合にはその組立工場も中東欧に所有している。また、BMWと

表序-6　ドイツにおける主要3社の生産動向（2014年）

		BMW	ダイムラー	VW
生産台数（台）	国内	1,117,778	1,184,173	2,583,973
	海外	1,047,788	788,097	7,310,918
	計	2,165,566	1,973,270	9,894,891

出典：OICA（2015）。

ダイムラーはともに、中国やアメリカといった巨大な重要市場に組立工場を建設している。また、この二つの自動車メーカーはブラジルとメキシコにも組立工場を設立する予定であると発表している。その結果、それらの海外生産シェアは近いうちに増加し、国内と海外シェアは50％ずつになるだろうと予想されている。

　韓国に関してもみておくこととしよう（表序-7）。韓国の場合は総生産台数は455.6万台（うち乗用車413.5万台、トラック・バス42.1万

表序-7　韓国における主要5社の生産動向

会社名	生産台数（万台）
現代	185.8
起亜	171.8
韓国GM	61.5
ルノー三星	20.5
双龍	14.6
その他	1.4

出典：KAMA（2016）、及びマークラインズHP（2017）。

台）と日本のそれの約50％の規模だが、この市場を現代、起亜、GM大宇、ルノー三星、双龍の5社がせめぎ合っている。そして、そのうち現代が185.8万台で全体の40.8％を、これにグループ会社の起亜の171.8万台、37.7％を加えると357.7万台、78.5％を占めているのである（KAMA, 2016）。つまりは、GM大宇、ルノー三星、双龍3社合わせても全体の21.5％と2割余りであり、8割近くのシェアを現代・起亜で独占しているのである。

12社でシェアを分け合う日本自動車市場と5社で市場を争うドイツ、現代・起亜が圧倒的シェアを誇る韓国市場の相違は、トヨタとVW、現代・起亜の競争力を考察する際大きな意味をもつ。なぜなら、現代・起亜は、韓国市場の独占的支配を通じて、韓国での価格決定権を保持することで、高利潤を確保することが可能となるからである。その点では、トヨタは、大きなハンディを背負いつつ競争を展開することを余儀なくされている。

3　部品産業の位置と特徴

次に日独韓3ヵ国自動車部品産業の状況を概観しておこう。まず、2014年時点で世界トップ100に入る自動車部品企業は、日独韓3ヵ国で何社あるだろうか。

2014年現在で、日本がトップで30社、これに続くのがアメリカの25社で、第3位がドイツの20社、そして韓国は5社である（表序-8）。1999年との比較で見れば、かつてはアメリカがトップで当時は42社を数えたが、この間の動きのなかで23社に減少した。逆に日本は1999年当時は17社であったが、28社に増加している。この中間を行くのがドイツで、この間15社から20社へと増加した。韓国は1999年当時はランクインした企業がなかったが、2013年には5社が

表序-8　国別自動車部品企業の世界トップ100

(社)

年	1999	2000	01	02	03	04	05	06	07	08	09	10	11	12	13	14
北米																
アメリカ	42	40	41	37	37	36	32	27	29	28	27	27	27	25	23	25
カナダ	4	3	2	3	2	3	2	2	2	2	2	3	3	3	3	2
メキシコ	1	1	−	−	1	−	−	1	1	1	1	1	1	1	1	1
アジア																
日本	17	20	24	22	25	26	28	26	26	27	30	29	29	29	28	30
韓国	−	1	−	1	1	1	2	2	2	2	4	4	4	5	5	5
中国	−	−	−	−	−	−	−	−	−	−	−	−	1	1	1	2
香港	−	−	−	−	−	−	−	−	−	−	−	−	−	−	1	−
インド	−	−	−	−	−	−	−	−	−	−	−	−	−	−	1	1
欧州																
ドイツ	15	16	17	19	16	18	18	23	22	22	18	18	19	21	20	18
フランス	8	9	7	8	8	7	7	6	7	6	6	4	4	3	4	4
スペイン	−	−	−	1	1	1	1	1	1	2	2	2	3	3	3	3
スウェーデン	2	3	2	2	2	2	2	3	3	2	3	2	3	2	2	2
スイス	1	1	1	1	1	1	1	2	2	2	3	2	2	1	2	2
イタリア	1	2	2	2	2	2	2	1	2	1	2	2	2	1	1	1
ルクセンブルグ	−	−	−	−	−	−	−	−	−	−	−	1	1	1	1	1
オランダ	−	−	−	−	−	1	1	1	1	1	1	1	1	1	1	1
ノルウェー	−	−	−	−	−	−	−	−	−	−	−	−	−	−	1	−
イギリス	6	4	4	4	4	3	4	4	3	2	2	3	1	1	1	1
オーストリア	2	−	−	−	−	−	−	−	−	−	−	−	−	−	−	−
ベルギー	1	−	−	−	−	−	−	−	−	−	−	−	−	−	−	−
南米																
ブラジル	−	−	−	−	−	−	−	−	−	−	−	−	1	1	1	1

出典：Automotive News「2000-2015年 TOP100 自動車部品メーカー」(2016)。

ノミネートされてきている。

　以上はトップ 100 社の動向だが、以下、トップ 20 位までの動向に焦点を当てながら見ておくこととしよう（表序 -9）。まずトップ 10 社をみた場合、日本の場合には、2 位をデンソー、5 位をアイシン、10 位を矢崎が占めている。ドイツは第 1 位のボッシュを筆頭に、以下 4 位をコンチネンタル、9 位を ZF が占めている。韓国は 6 位を現代モビスが占めている。

　次にその範囲をトップ 20 社まで拡大すると日本は 16 位に住友電工、17 位にトヨタ紡織、18 位に JTEKT、19 位に日立オートモーティブの 4 社がノミネートされているのに対して、ドイツは、16 位に BASF が位置する。韓国は該当企業がなく、38 位の現代 WIA、46 位にマンド、76 位に現代パワテック、90 位に現代ダイモスの 4 社の名前が挙がる（Automotive News, 2013）。日韓部品企業のワールドマーケットでの位置は、上記の資料でその概要を知ることができる。日本がトヨタ系を中心にしてはいるが、日産、ホンダ系、独立系を含めて一定の広がりを見せた部品企業の展開がみられるのに対して、韓国の場合にはマンドを除けば現代モビスを筆頭に現代系列の部品企業が突出した規模をもって事業展開をしている点に違いがみられる。

　これは、両国の部品企業の発展過程と密接な関連を持っている。日本の部品産業が 1940 年代以降比較的長時間かけて自動車企業からスピンアウトした企業を以て形成されてきたのに対して、韓国の場合には「圧縮成長」する形で、1970 年代以降比較的短期間に部品企業が群立し、しかも 1990 年代末のアジア通貨危機を契機に現代と起亜が合併し、そこへの部品供給を目的に現代モビスという巨大 Tier1 企業が創出され、そのもとに韓国中小部品企業が Tier2 に組み込まれていくプロセスをたどった。この形成過程の違いが、両国の部品企業編成の相違を生み出したのである。このことが日本と韓国の部品企業の海外展開や国内空洞化

表序-9 世界の自動車部品産業トップ20の売上高

		部品売り上げ（百万ドル）	
		2013年	2014年
ボッシュ	ドイツ	40,183	44,240
マグナ	カナダ	34,375	36,325
コンチネンタル	ドイツ	33,500	34,418
デンソー	日本	35,849	32,365
アイシン精機	日本	27,125	28,072
現代モビス	韓国	24,677	27,405
フォーレシア	フランス	23,950	25,043
ジョンソンコントロールズ	アメリカ	23,440	23,589
ZF	ドイツ	20,434	22,192
リア	アメリカ	16,234	17,727
ヴァレオ	フランス	13,666	16,878
TRW	アメリカ	16,147	16,240
デルファイ	アメリカ	15,475	16,002
矢崎	日本	15,600	15,200
ティッセンクルップ	ドイツ	12,349	12,801
BASF	ドイツ	12,351	12,682
住友電気工業	日本	12,851	12,325
マーレ	ドイツ	8,506	12,110
JTEKT	日本	11,351	11,200
日立オートモティブシステムズ	日本	8,580	9,789

出典：同前。

問題を考えるうえで様々な相違を生んでいくが、その点に関しては、のちに考察することとしよう。

　そして、世界自動車部品産業界において 2014 年に大きな変化が生まれた。それは 2014 年 9 月にドイツの部品企業の ZF がアメリカの部品企業の TRW を買収する動きを積極化させたことである。ZF が TRW の買収に用意した金額は 124 億ドルだといわれている（「日刊工業新聞」、2014 年 9 月 17 日）。ZF はシャシー、特にトランスミッションに強いが、TRW の安全システムの技術力を取り込むことで一層国際競争力を増したい意向なのである。つまりは、ZF は元来の事業分野であるシャシーに TRW の安全システムを加え、これを ZF の一事業部とすること

で、現在の自動車産業が課題としている安全、自動運転、燃費の向上にこたえようというわけである。ZF は、TRW を買収することで、一気にボッシュ、デンソーに次ぐかそれと肩を並べる巨大な部品サプライヤーになることは間違いない。そして、両者が合体することで、中国及びアメリカ市場で大きなシェアを占めることにも疑問の余地はないであろう。もっとも集中排除の独占禁止法の規定があるので、これをクリアするためには ZF は、自社のステアリングシステムのシェアをボッシュに譲らなければならず、その結果ボッシュが力を増すので、ボッシュの部品企業での世界第 1 位の位置には変化がないものと考えられる。また、ZF がデンソーを抜いて第 2 位に浮上する可能性は今のところさほど大きくはないであろう。

第 1 章
中国地域における自動車・部品産業

第1節　中国市場の特性と
　　　　主要自動車各社の市場戦略

はじめに

　本章では、世界最大の自動車生産・販売市場となった中国に焦点を当てて、この市場を攻略する各社の戦略を検討する。考察の対象企業は、トヨタ、VW、現代・起亜を中心に、日系では日産、欧米系ではGM、中国民族系では第一汽車、長城汽車を含んで検討するものとする。
　主要自動車各社の分析を行うに当たって、いかなる企業をいかなる基準で選択するかに関してまずもって明確にしておきたい。その前提として各社が中国市場でどれほどのマーケットシェアを有しているかを考察しておこう。ここで必要なのは、中国での企業別販売台数だが、残念ながらその数値は公表されていない。そこで中国での国内工場の出荷台数（輸出を含む）を「新車販売台数」と生産台数の近似値とそれぞれみなすこととしたい。
　2014年の乗用車の生産台数は約2,300万台だが、まず中国系・外資系とで分けてみると中国系が38.4％、外資系が61.6％と、技術力・販売力ともに劣る中国系を抑えて外資系が主導権を握っている。外資系の内訳を見れば欧州系23.7％、日系15.7％、米系12.8％、韓国系9.0％となっており欧州系が高い比率を占めている。このうち日系は、ピーク時の2008年の21％と比較すると三分の二程度に縮小した。2012年9月に広がった反日デモによって、日系は各社ともに前年比5％前後と2012年に販売台数を減らしたことが依然として尾を引いているのであ

る(「マークラインズ」HP, 2015 年 1 月 14 日)。

　本節では、VW、GM、現代の 3 社に日系ではトヨタと日産の 2 社、そして中国系では国営の第一汽車と民族系の長城汽車の 2 社を含めて合計 7 社を検討の素材とすることとしたい。

　では、いかなる基準で中国進出企業の戦略を比較すればいいのか。第一に検討すべきは研究と開発、つまりは R&D がいかに行われているか、中国市場仕様の車の設計はどのように行っているか、という点である。中国市場の多様性を考慮すれば、それに応える体制がいかにできているか、と言い換えてもよいであろう。第二はクルマづくりの方法である。この点は、ライン生産かモジュール生産かそれともロゴ生産か、といった生産様式もさることながら、部品供給体制がいかに構築されているか、といった点が検討されねばならない。当然、サプライヤーをどう配置してどう活用するか、といった点の検討も視野のなかに含まれる。第三はいかなる車種をいつ投入してどのように販売しているかという点である。先進国で販売されている自動車を中国市場仕様に変更している場合、あるいは中国市場専用車を開発している場合もある。いずれにしてもいかなるセグメントの車をいかに市場に投入しているのか、という問題は各社の中国戦略の大きな要素となる。これら三つの指標を基準に中国市場を、あるいは進出した各社の動向を分析することとしよう。

1　中国自動車産業概観

　2000 年代に入ってからの中国市場の成長には目を見張るものがある。図 1-1 にみるように、2000 年にはわずか 180 万台に過ぎなかった中国での新車販売台数は 2012 年には 1,930 万台を記録し、アメリカ、日本を抜いて世界最大の自動車販売市場に成長した(「マークラインズ」HP, 2015 年 1 月 14 日)。

図 1-1　中国自動車生産台数推移

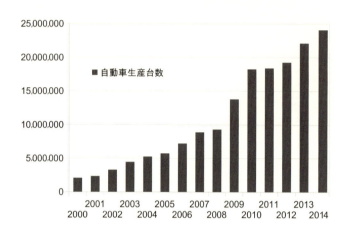

出典：中国汽車工業協会（2014）。

　こうした販売の急成長を支えてきた条件は、中国での急速な経済成長にある。都市中間層の急激な増加に加えて農村で富裕層が増加したのである。しかし、このような急速な需要拡大は、もう一つの大きな特徴を中国市場に課す結果となった。それは、この市場の多様性の広がりである。EUの3倍近い人口と面積を有する中国の市場は、これまで考えられなかった市場の多様性を生み出してきた。一つは車の所有者が多様な嗜好を持っているということである。初乗りの農村在住の富裕者層から車有歴20年以上の都市富裕者層まで、さらには車でありさえすれば良いというレベルから風切音を気にするハイレベルドラーバーまで、その嗜好レベルは想像を絶する広さである。中国の自然条件もこれまた多様である。北は東北地域の寒帯地域から南は亜熱帯地域、そして東部の温帯湿潤地域から西部の乾燥砂漠地域まで、その幅もこれまた想像を絶する。加えて車自体の好みも千差万別で、サイズは小型車から大型セダン車、そしてSUVまで、ガソリン車からハイブリッド車、電気自動車まで、

その範囲はとてつもなく広い。

こうした諸特性をもつ中国市場を各国の自動車企業はどのように攻略してきたのか。そしてこれからいかに攻略しようとしているのか。本節は、主要自動車各社の中国市場戦略に焦点を当てながらその特性を分析してみることとしたい。

2 外資系自動車企業の各社戦略

2-1 トヨタ

車の基本的な開発は日本で継続して行っている。2014年3月期のトヨタの研究開発費のうち、約90％は日本国内に振り向けられていることはその証左であろう（「日本経済新聞」, 2013年7月3日）。しかし、地域によって異なるニーズに合わせた商品企画は急務であり、中国市場もその例外ではない。また、中国市場において、VWやGMの先行を許してしまった要因は、現地R&D体制の不備にあったといっても過言ではない。トヨタは、VW、GMに遅れること約10年、2008年に合弁相手の一汽、2009年に同じく合弁相手の広州汽車と共同で現地開発体制構築に着手した。

以下、やや年表風にはなるがその歩みを概観しよう。トヨタは、2008年に天津一汽トヨタ技術開発有限公司（TMTF）を設立した。それは、第一汽車集団公司と合弁のR&D会社で、天津市に中国向け商品の現地人材による開発をめざし設立された。2009年には、広州汽車集団との合弁で、独自の車両開発を進めていけるような体制を整え、従業員のレベルアップを実施するため、広汽トヨタ自動車（GTMC）有限会社研究開発センターを設立した。そして2010年には、トヨタ自動車研究開発センター（TMEC）を江蘇省常熟市に開設した。こうして、トヨ

タは、一汽と広汽との合弁で設立されたR&Dセンターと連携し、「三極トライアングル体制」で車両開発を推進することとなった。

　具体的には、TMECが最先端要素技術開発を行い、車両開発はTMTFとGTMCのR&Dセンターが担うというもので、総投資額は200億円に上るといわれる。そして、2012年には、一汽トヨタ技術開発有限会社（FTRD）が天津に設立された。これは、TMTFと四川一汽トヨタ有限会社（SFTM）内にあった技術部門を分離統合して設立されたもので、「車両本体の開発」拠点として、合弁自主ブランド「ランシー（朗世）」を含む中国向けの自動車開発を行うためのものであった。ここに投入された総投資額は190億円に上る（「トヨタ」HP，2013年8月9日）。

　また、2012年の北京モーターショーにおいて、TMECが開発を進めているHEVシステムを搭載した「雲動双擎」が出品された。トヨタは、先行する他社を追従するために、ＥＶ等の環境対応車を中国で積極的に開発し、環境に優しいクルマづくりを行うことによって、中国における存在感を発揮したい狙いがあると思われる。

　トヨタは中国において、第一汽車及び広州汽車と合弁で現地生産を行っている。一汽との合弁事業は、四川一汽トヨタ（成都で1999年生産開始）並びに天津一汽トヨタ（2002年生産開始）の二つの会社がある。四川一汽トヨタは、一汽の拠点である長春で主力小型車「カローラ」やHV（ハイブリッド）車「プリウス」、大型SUV（スポーツ・ユーティリティ・ビークル：スポーツ用多目的車）「ランドクルーザー」を生産し、成都にある工場では大型SUV「ランドクルーザープラド」、小型バス「コースター」を生産・販売している。

　また、天津一汽（拠点は天津）では、2002年の小型セダン「ヴィオス」の生産から始まり、現在では主力の高級車「クラウン」、中型セダン「レイツ」（日本名MARK-X）、小型車「カローラ」、や中型SUV「RAV4」を生産している。一方の広州トヨタは、2006年に生産を開始し、トヨ

タの世界戦略車である中型セダン「カムリ」や小型ハッチバック「ヤリス」、中型SUV「ハイランダー」を生産・販売している（「トヨタ」HP 第4節 中国地域への合弁進出 第1項 生産拠点の拡大）。

　また、トヨタは「もっといいクルマづくり」を掲げ、部品の共通化などを軸とした新たな設計方法「トヨタ・ニュー・グローバル・アーキテクチャー（TNGA）」を採用した（「トヨタ」HP，2013年3月27日）。

　具体的には、3種類のプラットホーム（車体）を開発すると同時に、部品の共通化を行い、複数車種の開発を容易にすることで、節約した費用を次世代環境車の開発やデザイン強化に充てる。また、部品調達に関しては、従来の内製と系列を維持しつつも、各部品会社に対して車種・地域を超えて一定量の部品をまとめて発注する仕組みに変えていくのである（同前）。

　中国市場では、トヨタはVWやGMと比べると、はるかに販売台数が少ない。トヨタの販売台数が少ない原因として考えられるのが、現地生産を伴った本格的な中国進出が遅く、現地生産車に使用する部品も「系列」企業との取引が中心で、それが車両価格に反映された結果、トヨタ車＝割高というイメージが定着してしまっていることである。逆にVWやGMは積極的に中国企業の部品を採用して廉価化を推進したのである。また、VWやGM、そして後述する現代自動車と比べても、トヨタは中国市場向け「専用車」を投入しておらず、日米欧などの先進国向け車種を中国で生産、または、国外から輸入するだけで「消費者ニーズ」をとらえきれなかったこと、の以上二つが挙げられる。特に中国市場向け「専用車」開発の停滞は、中国でのR&D体制の構築が遅れたこととも深く関係しており、派手なデザインと同時に、同乗者の快適性を重視する中国の消費者の心を捉えることができずにいた。

　そこで、トヨタは2013年上海モーターショーにおいて、これまでは欧米向けであった小型車「ヤリス」（日本名「ヴィッツ」）を本格的に中

国の消費者が好むデザインに変え、快適性も兼ね備えた新型車を発表した（「人民日報」2013年4月25日）。また、この「ヤリス」は中国のみならず、新興国向けに最適化されたプラットフォームを採用しており、同時に発表された新型「ヴィオス」も同じプラットフォームを流用している。従って、今後成長が見込まれる新興国において、トヨタは現地ユーザーのニーズに適した「クルマづくり」を行うこととなるだろう。

「もっといいクルマづくり」に並行してトヨタは組織改革も行っており、2013年3月に、特に新興国向け商品・サービスの強化を目的に、これまで米、欧、豪、中国、アジア等の国や地域ごとに分けられていた事業体を四つの事業体（ビジネスユニット）に再編した（「トヨタ」HP, 2013年3月6日）。すなわち、まず世界市場を「第一トヨタ（先進国）」と「第二トヨタ（新興国）」に二分し、エンジンや変速機を手掛ける部門を「ユニットセンター」に集約、そしてレクサス事業担当の「レクサス・インターナショナル」を新設したのである。また現地に根ざした運営を目的として外国人役員を積極的に登用し、さらに、TNGA企画部を全社直轄組織として設置することによって、新興国向けでも高品質で利益率の高い車づくりを目指すとしている。なおレクサス事業を強化した理由は、日米などの先進国市場に加え、中国などの新興国においてもドイツ企業の高級車に負けない販売体制の構築が急務と判断したからである。

2-2　現代

現代は、韓国の統合拠点となる研究開発統括本部（南陽技術研究所）を中心に基礎及び先行研究が可能な施設を整備し、約1万人の開発関連技術者を擁している。

海外における開発にも積極的で、北米、欧州、中国、日本及びインド

に技術研究所を開設し、各市場仕様の車種の開発設計を推進している。特に、新興国の中でも成長が著しいインドにおいて、外資企業としては初めて現地開発拠点を新設し、短期間のうちに日本のスズキに次ぐシェア第２位の座を得ることが出来た。このように徹底した現地化を図った商品の投入に成功していると同時に、先進国においてもデザイン性や品質面で好評価を受けている（「Hyudai Motor Company」HP，2015年）。

　中国においては、北京汽車との合弁で小中型乗用車と商用車を生産する３ヵ所の工場を保有している。また、傘下の起亜も東風との合弁で江蘇省に３工場を稼働させている。また、2012年に生産を開始した北京現代第三工場の稼働によって、北京は現代自動車の最大規模の生産拠点となった。同工場は徹底した機械化を進めており、韓国やその他の海外拠点に先駆けて最新設備を導入している。そして、2014年に重慶に第四工場、河北省に第五工場を立ち上げた（「中央日報」HP，2014年12月31日）。

　現代自動車は起亜買収後にプラットホーム及び部品の共通化を促進し、今日ではVWや日産と並んでコックピット、フロントエンド、シャシーなどのモジュール化を進めている。主要モジュールは、系列会社の現代モビスへ集中的に発注し、開発費用も同社が負担している。また、現代自動車はモビス以外に11の系列企業を抱え、部品供給を受けている。

　現代自動車のマーケティングの特徴は、求めやすい価格や斬新なデザインをアピールすることで、ライバルの日本企業との「目に見える」差別化を図ることである。また、徹底した「現地化」を行い新興国の新規顧客が求めやすい価格の車種を投入している。中国における現地化の例としては、小型セダン「エラントラ」のグリルやバンパーを中国専用に開発し、小型車であっても、日本企業に先駆けて現地の嗜好を取り入れたことによって、中国市場における高いシェアの獲得に繋がったことが

あげられる(「e燃費」2012年4月28日)。北京汽車との合弁である北京現代テクニカルセンターは、小型セダン「エラントラ」と中型セダン「ソナタ」の中間に位置する「ミストラ」を2013年末に投入した(「レスポンス」、2013年12月2日)。

　現代自動車のマーケティングにおいて、最も特徴的なことは、意思決定の迅速さである。その結果新興国においても、積極的なマーケティング展開が可能となった。また、現代自動車グループの強みを生かす経営方針のもとで、徹底的に現代モビス等の系列会社を活用している。現代モビスは現代グループ内のTier1サプライヤーの中核企業であり、モジュール生産の中軸企業だと言うことができる。

　また、現代製鉄は現代自動車向けの高品質の自動車鋼板を独自に生産している。この直接調達によりコスト削減効果も生まれた。ブランド改革にも積極的で、巨額の広告費用を投入し、先進国はもとより、新興国の新規自動車購入層への認知度向上をも推進した。また、欧米企業のデザイナー(例えば、起亜のピーター・シュライヤー)を起用し、デザイン性と実用性の双方に優れた自動車開発を実現し、以て中国市場に限らず、世界市場においても先行各企業を脅かす存在となりつつある。

2-3　VW

　中国におけるVWのR&D体制は、VWブランド車を製造・販売している合弁相手の上海汽車と合同で1997年に上海大衆(VW)技術開発センター(Shanghai Volkswagen R & D Center)を設立したことに始まる。同センターでは、中国の消費者が好む中国専用車の内外装のデザインや設計を行っており、基礎部品の開発を含め最先端の技術開発を推進している。

　同センターで研究開発された車両の代表車種は、2008年に上海VW

が発売した小型セダン「ラヴィーダ」である。同車は、VWの世界的な小型量販車である「ゴルフ」をベースにしているものの、特に内外装デザインの設計に力を入れ、低価格小型セダンとして人気を博している。また、上海VWは、「ラヴィーダ」の派生車種としてワゴンタイプの「グラン・ラヴィーダ」を2013年夏に投入している（「VW China」HP, 2015年）。

　また、VWは高級車ブランド「アウディ」の現地研究開発にも注力している。VWは上海汽車の他に国有自動車企業最大手の第一汽車との合弁でVWブランド車と「アウディ」ブランド車を製造・販売している。このうち、VWは、「アウディ」が中国において最も人気の高い高級車ブランドであり、今後も「アウディ」が市場を牽引することを予想し、2013年2月、北京に研究開発センターを開設した。同センターは、中国のみならず、アジア地域における「アウディ」の中核的な研究開発拠点と位置付けられ、開発当初のスタッフは300人であった（「VW AG」HP, 2013年2月1日）。

　前述の通り、VWは中国で上海及び一汽と合弁で、上海近郊や一汽の拠点である長春に次々と工場を開設した。しかし、必ずしも合弁相手企業の本拠地周辺に工場を新設するとは限らず、広東省の仏山に2013年9月、一汽との合弁で新工場を稼働させ、そこで新型「ゴルフ」の生産を開始した。また内陸部の新疆ウイグル自治区で2013年8月、上海汽車との合弁で新工場設立、「サンタナ」のKD（ノックダウン：組立）生産を開始した。前者の広東省仏山近くにはライバルの日系企業であるトヨタ、ホンダ、日産の生産拠点があり、その牙城を切り崩す狙いがかいま見られる。また、後者の新疆ウイグル自治区での工場建設は、VWの中国内陸部における販路拡大という目的と中国政府の奥地南西部地域の経済開発促進の意図が重なった結果であると考えられる（「ロイター」, 2012年4月24日）。

生産方式については、従来からVWは共通のプラットフォームを開発し、部品の共有化を進めてきた。さらに今後は、MQB戦略（Modulare Quer Baukasten：車両をいくつかのモジュールで構成し、幅広い車種で共通化を行う戦略）に基づいて生産を中国においても積極的に行っていく予定である。中国において最初のMQB対応車の生産が行われるのは、上海に近い浙江省寧波の上海VW新工場（2013年10月稼働）及び前述の仏山工場で、前者ではVWグループのシュコダブランドの「スペルブ」、後者においては新型「ゴルフ」の生産を開始した。

　VWにとって、中国は最も大きい市場である。しかし、同社は市場拡大に拍車をかけるため、2012年から2016年までに140億ユーロを投資するとした（「マークラインズ」、2012年8月15日）。この間上海汽車と合弁の南京工場と第一汽車と合弁の成都工場を新設、かつそれら工場を近代化する計画もある。

　また、VWはこれら以外にさまざまな工場を建設した。まず2013年に4工場を新設した。すなわち、江蘇省儀徴市（30万台：上海汽車と合弁）及び広東省仏山市（36万台：第一汽車と合弁）、浙江省寧波市（30万台；上海汽車と合弁）、新疆ウイグル自治区ウルムチ市（5万台：上海汽車と合弁）である。ウルムチ工場はプレスショップ、ボディショップ、ペイントショップおよび生産ラインを有する。ウルムチ工場は上海VWで生産するSKD部品の供給を受けている。仏山工場ではアウディ「A3」ハッチバック、寧波工場ではシュコダ「スペルブ」中型セダンを生産している。現在生産している「スペルブ」はMQBを使用せず、2015年には次世代「スペルブ」を生産開始するが、そのときはMQBを採用する。また、小形セダン「オクタビア」も生産する予定がある。また、VWは2014年11月天津市に部品工場を立ち上げ、ここでデュアルクラッチトランスミッション（45万台分）の生産を開始した（「レスポンス」、2014年11月6日）。

また、VWは湖南省長沙市で新工場を建設しており（30万台；上海汽車と合弁）、2015年に生産開始した（「VWAG」HP, 2015年5月26日）。さらに、VWと第一汽車は20億ユーロを投資し、新工場は2017年を生産開始としている。一つは山東省青島市（30万台）に建設され、大型セダンとSUVを生産する予定である。二つ目の工場は天津市で建設中であるが、年産能力やモデル情報の詳細は不明である。しかも、その新工場は全てMQB対応モデルを生産する予定である。なお、VW長沙工場ではシュコダの「ファビア」を生産しているが、この「ファビア」はVWがMQBで生産するタイプでは一番安価な車種である。

　VWは改革開放後の1984年に外資自動車企業として中国に進出して以来、現地企業との合弁を通じて車両のみならず、部品の現地化・現地生産化をいち早く進めることで市場が必要としている車を投入し続けてきた。その具体例が、中国のR&Dセンターで開発した「ラヴィーダ」である。また、VWはVWブランドのみならず、1990年代の初めに高級車ブランド「アウディ」の販売を開始した。世界最大の高級車市場である中国における「アウディ」のブランドイメージは現在非常に高い。また、VWは高級車の分野でも現地市場に合った自動車開発に余念が無い。具体的には、中国の高級車市場は後部座席の快適性を重視しており、居住空間を確保するためにも車のホールベースを延長する必要がある。そこで「アウディ」は、中国向けに中型セダン「A4」及び、大型セダン「A6」に「ロングバージョン車」を設定し、それぞれ「A4L」、「A6L」として発売している。この動きに、ライバルの欧米日企業も同様の戦略を追求した（「レスポンス」、2016年4月27日）。

　加えて中国で開発される以外のVW車においても、外装に銀色のサイドラインやフロントグリルにメッキを加えるなど、常に中国の顧客目線で自動車の開発と販売を続けた事が、今日につながったと思われる。

2-4 日産

　日産が得意とするEV技術に代表される最先端技術開発は、日本の厚木テクニカルセンターで実施している。しかし、エンジンや変速機等コンピューター制御が必要で、かつ複雑な加工技術が要求されるパワートレイン分野の開発については、積極的に海外生産、展開を行ってきた。また、日産はアライアンスを組むルノーとのプラットホームやエンジンの共同開発によって、開発に要する時間とコスト削減を実現しており、それが迅速な展開が必要な新興国向け車輌開発において、特に有効である。

　中国国内でのR&Dは、合弁企業である東風汽車有限公司と共同で2006年に東風日産自動車技術センターを開設した。総投資額はおよそ46億円であった。同センターは、最新鋭の車両実験装置を装備し、スタッフの数も320人規模からスタートした。現地サプライヤーとの連携を強化し、部品の国産化や原価低減に取り組むことで、高い品質と技術力を追求している（「日産」HP，2006年3月20日）。

　2011年11月には、同センターで開発した東風日産の自主ブランド「ヴェヌーシア（啓辰）」D50を発表した。さらに日産は2011年3月に日本国内の2ヵ所、米国、英国の各1ヵ所に続く世界5番目の新型車デザイン開発拠点を北京に開設した。続けて、同年4月に北京のスタジオでデザインした試作車「フレンド・ミー」を公開した。なお、同車の市販仕様として、2015年10月に「ラニア」が発売された（「日産」HP，2015年10月26日）。

　日産は中国で東風汽車と合弁事業を行っている。生産は、沿岸部の広州・花都にある工場で主力車のハッチバック車「ティーダ」、小型セダン「シルフィー」や「サニー」、小型ハッチバック車「マーチ」、MPV車「リ

ヴィナ」を生産している。また、内陸部の湖北省にある襄陽工場では、上級中型セダン「ティアナ」及び上級クロスオーバー SUV「ムラーノ」の生産を行っている。湖南省の鄭州工場では、東風と日産の両ブランド向け商用車やピックアップトラックが従来から生産されており、2010年の工場拡張時には花都工場から中型 SUV「エクストレイル」、「キャッシュカイ」の生産が移管された（向渝「赤門マネジメントレビュー」12巻1号）。また、東風日産の自主ブランド「ヴェヌーシア」のモデルも部品輸送コスト削減などの観点から同工場で生産されている。

　従来から日産はルノーと共通したプラットホームやパワートレインを採用し、共同購買会社（RNPO Renault-Nissan Purchasing Organization）を利用した部品共同購買も実施するなどアライアンスを駆使した車づくりを目指してきた。そして、競争力の強化とシナジー効果の拡大のため、2013年6月に新たなモジュールコンセプト「コモン・モジュール・ファミリー（CMF）」の導入を発表した。具体的には、エンジンコンパートメント、コックピット、フロントアンダーボディ、リアアンダーボディと電子制御部品を組み合わせ、プラットホームの統合を図ることによって、1モデルあたりのエントリーコストを平均30〜40％削減するというものであった（「日産」HP，2013年6月19日）。

　また、部品調達においては、従来の系列関係を見直した。さらに、内製の一部解体にも着手しており、昨今の例では小型エンジンの開発・生産を行っていたグループ企業の愛知機械工業を買収、完全子会社化したが、そこには、一体となって新興国に進出していきたい日産側の思惑が見受けられる（「日産」HP，2011年12月16日）。

　日産が中国において販売する車種は、基本的に日本や欧米で販売されているものと同一である。しかし、MPV車については、中国や東南アジア向けに専用開発したモデル「リヴィナ」を投入し、他の日本企業と差別化を図っている。また、近年は中国においてフルモデルチェンジや

マイナーチェンジを積極的に行っており、一部車種（シルフィー、ティアナ、ティーダ）においては日本、アジア、欧米よりもいち早く中国で新型車を発売しており、日産の積極的な中国展開が窺える。

　ブランド別では、日産ブランド以外に東風日産の自主ブランド「ヴェヌーシア」を展開、前述した中国のR&D拠点で、旧モデルの「ティーダ」をベースに開発された小型セダンタイプの「D50」及びハッチバックタイプの「R50」を発売した。また、日産が世界的に販売を強化している電気自動車（EV）についても、2012年北京モーターショーで日産のEV車「リーフ」がヴェヌーシア「e-コンセプト」として発表され、環境対応車の「晨風」がラインアップ展開されている。高級車についても既に「インフィニティ」が販売されており、現在では主力セダンとSUVモデルが日本から輸出、販売されているものの、2014年にはスポーツセダン「Q50L」の現地生産も始まった。また、アウディやBMWと対抗するべく、最上級セダン「Q70」には中国専用のロングホイールベース車も投入された。ただし、インドネシアやインドで日産が展開する予定の「ダットサン」ブランドについては、中国での展開は行われていない（「レスポンス」，2012年3月21日）。

2-5　GM

　2001年以前に中国市場に参入した完成車企業は3年間に70%の部品現調化を達成しなければいけないという義務を負っていた。GMと上海汽車の合弁企業は1997年に設立され、1998年に生産を開始した。したがって、この規則の下で操業が開始されたということであるが、中国がWTOに加盟すると同時に70%の現調率規制はなくなった。

　しかし、規制がなくなったとはいえ、完成車企業にとって、現地化は依然として大きな課題である。GM・上海合弁企業は外資部品企業では

なく現地部品企業を多用する（Zhao/Lu 2009）。なお、実はGMの現地部品企業の83％はVWにも供給している（丸川 2006）。その結果、GMはVWが開発した現地部品企業を活用しているのである。1984年にVWは中国に進出、特に上海市の自動車及び部品産業の発展に決定的な役割を果たした。GMは上海汽車とともに合弁企業を開設したため、VWが開拓した現地パートナーを活用することができたのである。それに加えてGMは自社系の部品企業（例：デルファイ、マグナ）をも活用している。こうして、GMは現地部品企業を活用、部品の60％を中国企業から買い付けている（Nam 2011）。その結果、GMは早急に現地化や生産コストダウンを達成して、中国市場で競争力を発揮しているのである。

　また、GMは中国市場に適合的なモデル選んで生産し、上海汽車の要求に応えている。GMが中国でビュイックブランドを活用している所以である。GMにとって、そのブランドは強みではないが、GMは別のブランドモデルを活用し、バッジエンジニアリングしている（Dunne 2011）。その結果、GMはドイツ子会社オペルが開発した「コルサ」を中国市場に供給し、ビュイックの「セール」を販売している。また、韓国の大宇自動車の軽自動車開発能力を活用、中国市場向けの安価な自動車を開発している。当初GMは自社の国際自動車ネットワークを活用していたが、その後現地開発能力の育成に努め、上海汽車と共同で1997年に開発やデザイン拠点である汎太平洋自動車技術センター（Pan Asia Technical Automotive Center：PATAC）を開設した。PATACは2010年における「セール」開発及び現地化、デザインに決定的な役割を果たした。

　そして、合弁企業の持分に関しては、2009年に大きな変化が生じた。最初はGMと上海汽車の合弁企業の上海GMのシェアが50％ずつであった。だが、2009年、GM本社はアメリカで破産宣告を受けたものの、上海汽車の株式保有率を51％に引き上げ、合弁企業の支配権を掌握し

たのである（The Wall Street Journal 日本版，2009 年 12 月 7 日）。

　GM は、PATAC において、内外装デザイン、トランスミッションなどの基礎部品や車両本体の設計まで行える設備を有し、2011 年時点で約 2,000 人の従業員を抱えていた。同センターでは主に中国市場に適したデザインや快適性を追求した設計が行われており、GM の中核ブランド「シボレー」の廉価モデルである小型車「セール」や、エントリー高級ブランド「ビュイック」の大型 MPV 車「GL8」が現地開発車として中国国内で販売されている。前者の「セール」は、チリやペルーにも輸出されている（「GM Media」HP，2015 年 7 月 20 日，「PATAC」HP）。

　また、GM は韓国 GM をアジア向け小型車開発の拠点と位置付け、韓国 GM が開発した小型車「アベオ」や小型セダン「クルーズ」、中型 SUV の「キャプティバ」を中国市場に投入した。また、ビュイックの中型セダン「リーガル」や小型ハッチバック車の「エクセル」は、同じく GM グループのドイツ・オペルが開発したモデルをベースにしている。従って、GM の R&D においては、アメリカ本国で開発された車両以外にも、中国、韓国及びドイツといった幅広い GM のネットワークを駆使した R&D 体制が蓄積されており、各セグメントにおいて、市場ニーズに応えやすく且つ開発の時間を短縮できる。ゆえに、多様性が重んじられる中国自動車市場においても迅速なビジネス展開が可能となっているのである。

　GM は、普通乗用車製造の合弁相手である上海汽車（上海）や小型車及び小型商用貨物車製造の合弁相手である五菱汽車（広西チワン族自治区・柳州）、小型トラック製造合弁先の一汽（長春）の拠点近辺に加え、青島、重慶、烟台など中国各地に 13 の工場を保有している。また、今後も 2018 年までに年間生産能力を 800 万台まで引き上げる予定である（「毎日経済新聞」，2015 年 4 月 27 日）。

　また、GM は日系企業などと比べて、圧倒的に現地調達率が高い。な

ぜならば、いわゆる「系列」企業が同時に中国へ進出をしなくても、現地の部品企業を利用し、効率的に自動車生産を行ってきたからである。

　GM は、1997 年に上海汽車と合弁で上海通用（GM）を設立し、現在では、主力ブランド「シボレー」を筆頭に、小型車及び小型商用貨物車ブランドの五菱、エントリー高級ブランド「ビュイック」、高級ブランド「キャデラック」を展開している。

　既に GM にとって中国は、総販売台数（928 万台）の約三分の一（284 万台）を占めるマーケットである。特に、「ビュイック」ブランドは、1999 年に中国へ進出して以来、累計販売台数は 300 万台以上を超えた。先に紹介した大型 MPV 車の「GL8」は中国におけるビュイックの人気モデルで、現地ユーザーの好みに合わせたパッケージングやデザインが好評である。加えて、他の高級ブランドがセダンや SUV を中心に車種展開を行っている中で、「GL8」は高級 MPV としての地位を獲得したことが「ビュイック」飛躍の一要因となっている。一方で、高級ブランド「キャデラック」は、欧日の高級車ブランドとの競争が激化する中で、オリジナリティを打ち出すことが出来ず、苦戦を強いられている。

2-6　ホンダ

　ホンダは、中国に 6 つの完成車工場を持っている。これらの工場は湖北省武漢市と広東省に位置しており、年間生産能力は 110 万台に及ぶ。合弁先は東風汽車と広州汽車の 2 社で展開している。広州汽車とは 1999 年から「アコード」を、それから 3 年後にさらに「オデッセイ」を生産し、東風汽車とは 2004 年から、武漢市で「CR-V」を生産し始めた。なかでも小型 SUV が同社の牽引役である。ホンダの 2014 年の中国新車販売は 78.8 万台に上る。

　しかし中国の景気不振で、2015 年に新設予定であった工場を見送

り、既存工場をフル稼働させている(「ロイター」、2015年10月22日)。

3　地場自動車各社の企業戦略

3-1　第一汽車（一汽）

　一汽は中国で最も歴史のある国有自動車企業である。しかしながら、一汽独自の製品開発は進んでおらず、かつてはソ連製のトラックをベースに、近年では合弁を組んでいるVW、トヨタ、ダイハツやマツダ等の外国企業の基礎技術や車体本体を用いて、自動車の開発、生産・販売を行っていた。また、先代の「紅旗HQ3」はトヨタの「クラウンマジェスタ」がベースであった。その他に、一汽夏利もトヨタ製エンジンを流用したり、一汽海馬もマツダ車のプラットホームを使用している。

　しかし、近年では自主開発が本格化し始めた。その背景には、2009年から始まった中国政府による小型車に対する購入補助金制度が、また、2009年には一汽の独自技術によるEV車開発に着手することを表明したことがある。そして2012年までにLプレミアム、Hラグジュアリー、M中高級、S小型車の4プラットホームを開発し、各車種に展開している。

　一汽の生産工場は、外資との合弁工場を含めると2011年時点で長春や天津、大連、成都や海口など中国全土の17カ所にも及ぶ。また、近年では海外展開にも積極的で、南アフリカ、タンザニア、ウクライナにも工場を有しており、これらの工場で完成車生産及びCKD生産が行われている。

　また、エンジンも中国の排ガス規制に適応した開発が行われており、一汽夏利の最新モデルに搭載されているエンジンは「節能産品恵民工程」（省エネ車への購入補助金）目録に登録され、政府からの補助金が

支出されている。

　部品供給に関しては、元々は内製型であったが、全部品工場を束ねていくつかの企業に分離し、一汽傘下の部品統括会社である富奥汽車零部件有限公司などの企業を設立させた。同時に、富奥を含め、他の一汽関連部品企業も日欧米の外資部品関連企業と合弁生産を実施、近年ではグループ内部品調達においても外部企業との競争を優先している。

　自主ブランド開発状況に関しては、かねてから、積極的に注力しているものの、外資ブランドとの価格・品質競争が激化し、結果は思わしくない。同時に、一汽だけではなく、東風、上汽集団、長安汽車など他の国有自動車企業も自社ブランド車の販売が芳しくない。つまり、外資と戦える競争力が欠如しており、相当な底上げが必要なのである。このような厳しい環境の中で、2012年4月の北京モーターショーで、一汽は高級車ブランド「紅旗」の新型車「H7」を発表した。同車は公用車市場をターゲットに、人気の高い独アウディや日米の高級車に代わる存在として注目されている。

　また、外資企業との差別化を図る為、販売専従担当者を一人ずつ配置、コンシェルジュのようなサービスも実施し、補修部品の供給体制も強化している。これには、充実したサービスでブランド力を向上させる狙いがある。

　ただし、「紅旗」以外に「奔騰」、「欧朗」、「夏利」の新型車が投入されているが、販売は苦戦している。このような販売環境の中で、一汽の地元の長春市政府が個人・法人向けに補助金を支給し、自主ブランド購入の援助策を打ち出した。また、一汽自らも販売不調を挽回するために、ラインナップの充実を図り、既存のセダン・ハッチバックに加え、若者にも人気な「ミニSUV」型クロスオーバー車を投入し、販売強化を打ち出している。

3-2　長城汽車

　長城汽車は、中国の民間自動車会社の一つで、特にSUVやピックアップトラックが国内のみならず、アフリカやアジアの新興国でも人気を博している。

　ライバル企業との激しい競争を勝ち抜く為にも外部リソースを活用した開発と設計に力を入れており、自社の技術力向上に努めている。具体的には、デザインを上海に拠点を置くデザイン会社に発注している。その他にも、設計や販売においてコンサルティング会社や部品企業を積極的に活用している。

　また、自社開発にも力を入れ始め、2015年までに50億元を投資した。独メルセデスのSUVデザイナーも引き抜いたのである。中国国内にテストコース、エンジン試験場を備えた研究開発センターも建設した。日欧、ブラジルでも設計開発拠点を設け、最大で1万人の開発人員を雇用する計画である（「Great Wall Motor」HP）。

　長城汽車は、湖北省保定に拠点を有している。また、中国のみならず、そのため、海外での販売にも積極的であり、現在では、世界の11ヵ国（ウクライナ、ブルガリア、インドネシア、イラン、スリランカ、フィリピン、ベトナム、マレーシア、エジプト、エチオピア、セネガル）に海外工場を保有している。それらの多くはCKD生産方式で、中国で部品を集中生産することでコストを削減している。また、海外進出に際しても投資の半分を現地の販売会社が負担し、海外展開のリスクを低減するなど資金面においてもあらゆる工夫を行っている。2015年には販売台数を2012年比2倍強の130万台に引き上げ、工場の稼働国も24ヵ国（上記に加え、インド、トルコ、カザフスタンやベネズエラなど）に広げるという計画に取り組んできた（「日経産業新聞」、2013年1月23日）。

生産方式に関しては、世界中の大手部品企業と提携し欧米勢などの技術を吸収すると同時にサプライヤーパークも有して部品調達基地を構築している。例えば、2000年代半ばに独ボッシュと提携を開始し、それ以後も米デルファイなどと取引を行っている。2007年には3年7ヵ月でトヨタ級の品質を目指すとした「307作戦」を導入した。同時に、生産においてもトヨタ生産方式を導入し、徹底したコストダウンと高品質な自動車づくりに挑戦している（「Haval-global」HP，2016年3月4日）。

　長城の歩みを振り返るならば、かつては農業機械を生産する小さな村営企業であったが、民営化後は魏建軍率いる「トップダウン」「軍隊的経営」で会社の規律を厳格化し、ムダを省き、社員の意識改革に着手した。また、販売戦略の面でも、「小さい市場でもいいからトップシェアを握る」をモットーに、かつてスズキなどが得意とした日米欧の超大手との直接対決を回避するべく、「マイナー新興国」から攻めていく戦略手法を行ってきた。ただし、急速な成長の陰で、技術蓄積の脆弱さ、知的財産のトラブルや、部品のアスベスト利用問題が浮上するなど、解決すべき課題も多々存在している（「日経産業新聞」，2013年1月21日）。

おわりに

　まず開発だが、各社ともに基礎開発はいずれも本国のR&Dセンターが担当していることは変わりがない。もっとも、日本のトヨタ、韓国の現代起亜、ドイツのVWのように基本開発は母国で行うという場合と、海外開発拠点の強化を進めている日産、GMでは温度差がある。中国系企業は国営、民営問わず外資に多くを依存しており、その分、自主開発への願望は強い。製造方法も安全保安部品を自社随伴企業に任せる傾向はいずれの企業にも強い。もっともトヨタのように系列企業の力が比較

的強く残っている企業とそれに類似している現代起亜のようなタイプもあれば、VWのようにメガサプライヤー主体で部品供給が展開されている場合もある。中国系企業は、外資系サプライヤーに多くを依存している。作り方では、メインラインの横にサブラインを設けて作業時間や作業工数を減ずる方式は各社ともに採用している。ただ、VWは、次第にMQBを採用し始めている。

第2節　中国における日韓自動車・部品企業の活動

はじめに

　中国の山東省はグローバルな観点からみると日米韓3ヵ国企業の部品集積地域となりつつある。山東半島北側の煙台にはGMの工場があり、隣接する天津にはトヨタの工場が、北京市には韓国の北京現代の工場が稼働している。そして2014年東風日産の大連工場が稼働した。山東・天津・北京地区は、こうした3ヵ国の組立工場及びエンジン工場の半径200キロ以内に位置づけられており、高速道路を活用すれば、トラック便、ミルクランいずれでも円滑な部品供給が可能である。したがって、この山東・天津・北京地区には日中韓3ヵ国の企業が集積しており、ぶ厚い部品供給網を作り上げてきている。本章では、この3生産拠点への部品供給の実態とその特徴を描きだしてみたいと考える。

1　自動車産業と部品集積の実情

　自動車産業にとっての山東省の地理的優位性を繰り返し述べる必要はなかろう。半島北部煙台には2003年にGM、上海汽車、上海GMの3社合弁で上海通用東岳汽車が設立された。アジア通貨危機で破たんした韓国大宇の工場をGMが買収したもので、主にビュイックブランドの「エクセルGT」を生産、2003年5月からは上海GMの主力モデル「ビュイック・エクセル」を生産移管して年間10万台生産体制を構築した。

また、2003年には大宇から年間30万基を生産するエンジン工場を買収して稼働を開始した。GMは、山東省の煙台工場に上海GMの分工場としての機能を付与して中国戦略を展開しようとしているのである。さらにGMは上海に開発センターPATACを設立、買収したGM大宇をアジア向け小型車生産の開発拠点として中国進出体制を整備、中国においてVWと販売トップの地位を巡り角逐を繰り広げているのである。
　他方、トヨタは2000年に天津トヨタを設立し2002年から「ヴィオス」の生産を開始、2004年から「カローラ」、05年には「クラウン」、「レイツ」（日本名「マークX」）を生産開始した。こうして2007年までに第三工場を立ち上げ、同年には新型カローラの生産にも着手した。しかし2008年以降のリーマン・ショック不況、2011年の東日本大震災やタイ洪水、さらに2012年以降の反日暴動の影響で生産は低迷、2012年の売り上げは日産の後塵を拝して中国で第10位の位置に甘んじている。
　トヨタと対照的なのが韓国で、VW、GMに次ぎ第3位の販売を誇る北京現代である。2002年の設立以来2つの完成車工場と2つのエンジン工場を有し「エラントラ」、「ソナタ」などを市場に送り出してきたが、2012年には第三工場を完成させて増産体制を整備、100万台生産体制の構築に向けた動きを活発化させた。
　こうした3社がいずれもその部品供給地として重視しているのが山東・天津・北京地区であった。言うまでもないことだが、天津には日系サプライヤーが、北京には現代のサプライヤーが集積しているのに対して、山東地区には日韓両国のサプライヤーが集積している。もっとも中国全体まで視野を拡大して部品企業の地域分布を見た場合には、日系、欧米系の部品企業は、上海を中心とした華東地域に圧倒的に厚い集積が見られるものの、山東や北京、天津といった華北地域にはさほどの蓄積は見られない。ところが韓国企業の場合には、日系や欧米系とは対照的

に北京、天津、河北省といった華北地区にその部品企業の集積が見られるのである。このことから、煙台や天津、北京といった華北地区に生産拠点をもつ日米両企業にとって、韓国部品企業の活用が今後の生産活動の拡充に大きな意味を持つことが想定されるのである。

2 韓国・中国部品企業を包み込む日系部品企業

日系部品企業の北部における中核企業は天津に拠点をもつ天津トヨタ工場である。この地域は、天津トヨタを中心に同心円を描く形で部品企業のTier1、Tier2群が広がっている。その意味では典型的な企業城下町的産業集積が展開されている。この天津における産業集積から見れば、山東地区はその外延部分に該当し、サプライチェーンの最後尾に結びついている。そして山東地区の日系サプライヤーも日系完成車企業向けのみならず、韓国の現代自動車や米系のGMに部品を供給することで韓国の現代、上海GMのサプライチェーンの末端にもリンクしているのである。日本人読者にわかりやすく説明すれば、ここ山東省の部品企業は、サプライチェーンの最末端につながるという意味では、日本の東北部品企業のイメージと重ね合わせになると言える。

2-1 天津

天津トヨタ工場に隣接してその半径30キロ以内の外環沿いと天津周辺の開発区に部品企業が集中している。ステアリングの天津津豊、エンジンの天津豊田汽車発動機、等速ジョイントの天津津豊汽車転動部、鋳造部品の天津豊田汽車鋳造部、プレス部品の天津豊田沖圧部、ウインドレギュレーター、ドア・ハンドル、サンルーフなどの車体部品の生産を手掛ける総合部品企業である愛信天津など主要メーカーは全てこの天津

界隈に集中しているのである。しかも、これら主要部品企業は、いずれも本体の天津トヨタが天津に進出する前に天津で操業を開始している。いわば、天津トヨタがいつでも操業できるようにその準備を整えていた、ともいうことができる。これらの部品に共通する特徴は、いずれも重厚長大型部品で、半径30キロ以内で調達することが経済採算上も、生産管理上も好都合であるということである。今一つの特徴は、高品質を維持できるという意味では日本企業の強みであると同時に、コスト高であるという意味で弱みでもある「系列関係」から払拭できていないことである。トヨタが中国で調達する部品の実に70％を、日本からの随伴進出企業が占めているという事実がそれを物語ろう。たとえば愛信天津のサプライヤー69社のうち日系部品企業が53社、77％を占めるということがその証左である。ここでは2012年10月時点での愛信天津と天津矢崎の姿を概観しておくこととしよう。

　愛信天津は全製造部品を天津トヨタに供給しているが、プレス部品主体に約2,000種類の部品を「門前供給」している。2012年に入ってからは、中国を大きく二等分し、北部は愛信天津が、南部は2011年に新設された広州仙山の愛信が担当するというかたちで分担するようになった。この他に西部には四川トヨタがランドクルーザーなどを生産しているが、ボリュームが小さいのでCKD生産で対応している。したがって、愛信天津のプレス関連部品は、山東地区を含む華北地域のTier2企業への依存が一層深まることが予想されるのである。事実、サンルーフ、プレス関連で中国企業からの調達が始まっているという。

　天津矢崎も天津トヨタへの供給が全体の60％を占めているという意味では愛信天津と同じくトヨタに門前供給している企業である。天津矢崎が、愛信天津と異なるところは、リーマン・ショックから2011年の東日本大震災、タイ洪水の影響が響いて2012年にもその受注量が回復しなかったという点である。回復したのは2013年に入ってからであっ

た。これは、日本からの特殊電線、日本、タイからのコネクター供給が想定通りに進まなかったことがあずかって大きかった。また電線は90％が中国から調達され、同じく80％は日中合弁企業からの供給である。だが、コネクターは90％までが日本からの供給に依存しており、弱点となっているのである。

2-2　山東

　山東地区には韓国系、日系部品企業が存在している。前述したようにここで展開している日系企業群は、必ずしも天津トヨタだけに部品を供給しているわけではない。まず、山東地区の煙台市経済技術開発区に入居している日系のMF社の動向を見ておくこととしよう。この会社は、2005年に上海GMの要請を受けて設立された。つまり、この会社は天津トヨタへの部品供給を目的に設立されたわけではなく、メイン・サプライヤーは上海GMで、天津トヨタはサブ・サプライヤーなのである。それは同社の生産品やその資本構成から明らかになる。まず生産品は、上海GMのコンパクトカー「シボレー・ロバ」、「シボレー・エピカ」、「シボレー・アベオ」そしてGM「ビュイック・アンコール」へのプレス部品である。MF社は上海GMの要請に応えて煙台に進出したと指摘したように、GMの対中国戦略の一翼を担っていると言える。そのことは、同社がM社とF社の折半出資で設立され、技術面はF社が、受注や卸売りなどはM社がそれぞれ担当していることからもうかがい知ることができる。つまり、マネージメントを担当するM社がGMの要請を受け、技術をもつF社を包摂して設立されたという経緯が存在するのである。

　MF社の概要を見ていくならば、資本金は1,000万ドル、従業員は160名である。直接要員が90名、物流関係が30名、間接要員が40名である。日本人は3名であるが、加えて出張者1名の合計4名で運

営しているのである。

　山東地区でもう1社日系企業を紹介しておこう。クーラー用のコンプレッサーを主に生産しているYS社である。2001年の設立当初はバスや建機向けのカーエアコンとコンプレッサーを生産、コンプレッサーは天津と広州のデンソーに収めていた。工場立ち上げ当初首鋼、デンソー、豊田自動織機3社の共同出資となっていたゆえんである。同じ建屋のなかでエアコン生産のデンソーとコンプレッサー生産の豊田自動織機が同居していたのである。ところが先の愛信天津同様にトヨタの中国南北地域供給分割戦略の展開に伴い2013年以降同社は北部地域の日系企業へのコンプレッサー供給工場として位置づけられた。それに伴い、デンソーは同建屋から撤収し、豊田自動織機一社体制となったのである。「今のところ日系以外にコンプレッサーを供給する予定はない」とのことであった。しかし、山東地区の地理的特性から考えれば、GMや北京現代への拡販戦略を考える余地は十分あると想定される。

2-3　大連

　大連開発区が中国自動車産業の生産基地として注目されている。その理由は、これまで自動車産業の中心地であった北方の長春、中央の北京、天津、南方の広州に加えて北方と中央をつなぐ結節点として大連が注目され始めたからである。ここでは、大連開発区を中心とした自動車・部品産業の動きとそれが東アジア全体の中でもつ意味に関して検討を加えることとしたい。

東風日産

　これまで東風日産の主な生産基地は、広州、武漢、襄陽の3拠点であったが、このたび大連をその生産基地に加えることによって、南北縦

横に中国大陸を仕切って全国的に自動車を供給できる地域区分が完成しつつある。その意味で大連の位置は、大連単体で考えられる以上に重要性を持っている。東風日産が大連に生産基地をもうけたのは、2012年のことであった。生産能力は年間15万台であるが、2015年には当初の生産計画を前倒しして目標を達成した。中国で人気の広州の東風日産のSUV車の生産を行っていたが、現在では広州の東風日産からのCKD生産に近い生産システムで操業している。その理由は、大連ではいまだ十分なサプライヤーの集積が見られないからである。これは今後克服されねばならない課題でもある。

　大連工場は、総経理、副総経理、総合部、工務部、製造部、品質保証部などを持つが、本工場の最大の特徴は、1,580名の従業員のうち日本人駐在員が1名もいないということである。従来であれば、1,500名を超える規模の工場であれば、最低でも10名程度の日本人が駐在し、重要ポジションを占めていた。ところが、同工場では日本人ゼロで操業することを可能にしたのである。それゆえに、人材育成に大きな力を割いている。毎年目標を定め、A1（課長レベル）の訓練目標を数字化し、以下S序列（管理技術、工程技術のエンジニア）、R1（新人）からR6レベル（係長）までの昇格目標比率を定めて教育訓練を実施するのである。

　この人事システムは、台湾の日産系自動車企業である裕隆から導入したものである。台湾からの導入においては、中国文化を共有することから、効率的かつ自主的な従業員教育プログラムが実施されているという。一般的に日本人駐在員の賃金は、現地従業員の5倍から8倍だという。高い基本給に加えて外地での諸手当が加重されてそうした高額になるというのである。この点が解決されることで、同工場では人件費面での大幅な改善を実現できるのである。

　技術面について見ていくならば、できる限りミスを少なくするため最

新鋭設備を導入、ロボットは主要工程を含めて183台に達しており、また自動化率は83％に上っている。これまで広州の東風日産で生産していた「エックストレイル」と「キャッシュカイ」を移管してきた。現状のサプライヤー数は約30社で、ライン横で同期生産を行う「オンサイト」企業は、コックピットやタイヤ、シートなど約10社、工場敷地内で生産する「インサイト」企業がほぼ同数の10社ほどである。

カルソニック・カンセイ（CK）

では、サプライヤーはいかなる活動を展開しているのか。ここでは、東風日産大連工場に「オンサイト」でコックピットモジュール製品を、「インサイト」でモジュール部品を含む関連部品を生産しているCKの動向を見ておくこととしよう。CKは、日産が33％の持ち株を有する子会社であり、日産が進出する地域に随伴して展開、主にエンジン排気系部品やコンプレッサーなどの空調機器、速度計などのメーター類を生産している。これらの部品を結合して2000年代以降積極的にモジュール化を推し進め、コックピットモジュール製品を主に日産や日産の合弁相手である東風、さらに日産とアライアンス連合を組むルノーに供給している。

大連でも「オンサイト」でコックピットモジュール製品を供給している。メインラインと直角にラインを組んでラインサイドで製品を組み付ける方法を採用しており、日本の追浜工場のようなラインに並行する形で最終工程から横滑り供給するやり方とは若干異なるが、基本は共通している。組み立てラインは全7工程、そして2つの検査工程を含めて全体で9工程、これにストックの3工程を含めて合計12工程であり、これを17名ワンチームとして稼働させている。ラインのタクトタイムはメインラインとほぼ同じだが、モジュール側に余裕タイムが設定されている分、CK側が若干タイトに設定されている。これは、大連だけで

なく、追浜工場でもインド工場でも同じである。また、「オンサイト」の場合、工場内での操業のため賃借料を支払うというのもこれまた他の工場と同様である。「インサイト」工場では、コックピット・モジュール部品以外にステアリング・バー、エクゾーストパイプ、空調部品、樹脂整形部品の四製品を生産している。将来はこれらの部品を日産「インフィニティ」用、ベンツ用などに他社拡販する計画も準備している。

RB社

大連開発区の中で東風日産に密着して事業展開している企業の代表が前述したCKなら同じ自動車部品企業でありながら、これとはまったく異なり、大連で中国市場向けの部品生産を展開している企業の典型としてRB社をあげることができる。

まず、同社の企業概要を簡単に述べておこう。本社は広島市にある。創業は1943年であり70年以上の歴史を持つ。アルミダイカストが主力製品で、今でも売り上げの77％を占める。工場は、国内では広島、埼玉、静岡など合計5拠点である。そして海外拠点は、アメリカのインディアナ州、北アイルランド、メキシコ、中国常州、大連、タイの6ヵ所、従業員は連結で8,500名である。主な取引先は、富士重工がトップで12％、続いてフォードが10％、以下GM10％、VW9％、ジャトコ8％、スズキ7％という順番になっている。つまりは日系企業との取引より欧米系企業とのそれが多いことがうかがえる。

中国に絞れば2005年に大連ダイカスト工場が設立された。中国のもう一つの工場である常州工場は2011年に立ち上げられた。いずれも中国に進出した欧米企業向けアルミダイカスト製品供給が主要事業である。まず大連工場だが、ダイカスト生産に関連しては、2006年9月から金型生産を開始、2007年から上海GM向けダイカスト製品の試作生産を開始し、2008年に金型生産を完成させた。2008年からはVW

に対するダイカスト供給も開始した。VWからの追加供給要請を受け2012年12月には第二工場を立ち上げ、要請に応えることとしたが、現状では第一工場がダイカスト30万セット生産だが、第二工場では60万セットから90万セットへと急上昇を続けている。大連工場の特徴は、大型ダイカスト部品の生産が可能な800～2,500トン級プレス機を擁し生産している点にある。第一工場は2,500トン級を16台擁し、第二工場では9台所有して稼動している。金型の設計は全て日本で行い、中国では市場仕様向けの変更のみ行っている。

大連工業団地の現状と位置

以上、大連開発区の企業紹介をおこなった。大連開発区が開設されたのは2008年であったが、当初は日本が円高であったため、海外展開をしなければ生き残れないといった切羽詰った状況下に置かれていた。そうした状況では、当然大連を拠点に対日部品供給を図ることも重要な生き残り策の一つとして考えられていた。然るに2012年からの円安へのぶれは、逆に国内生産比重を高める必要性を生み出し、この大連工業開発区の意義と機能を転換させてきている。今後為替がいかに変動するかのよって、大連工業団地の動向はさらに一揺れ二揺れしそうな雰囲気である。

3　韓国企業と山東・北京地域部品企業

3-1　韓国企業と山東・北京地域

韓国企業の最大の特徴は、その明確な長期的戦略にある。日系企業がそうした戦略を持たず個々に企業レベルで戦略を推進し、先の愛信天津やデンソーの事例のように途中で転換修正するのとは著しく異なる。韓

国企業がそうした戦略を打ち出せる理由は、現代・起亜が韓国で絶対的パワーを有しており、トップダウンで全社的方針＝「韓国の方針」を決定できるという、その構造的強靭性にある。そして韓国企業の長期的戦略からすれば山東地区は、その地勢的状況から戦略的要衝をなす。なぜなら、山東半島は韓国の玄関口・仁川の対岸にあり、山東地区は北京現代と塩城起亜という韓国二大拠点を底辺とする二等辺三角形の頂点に位置するからである。

現代自動車は、山東地区の煙台技術開発区に本国の南陽技術研究所に匹敵する、中国向け乗用車開発用のR&Dセンターを建設中である。すでに現代は土地の収用を終了し、その整地と建屋建設に着手している。将来ここが現代の開発拠点となる事に疑問の余地は無い。GMが煙台に上海GMの補助的工場とエンジン工場を有していることも現代の地域戦略に重要性を付加している。なぜならここでGMとの協調関係を維持し、ゆくゆくはGMが韓国の大宇を買収した韓国GMとの連携を図る事が可能となるからである。

現代のいまひとつの拠点は北京地区である。ここには北京現代の生産拠点がある。北京地区には、現代モビスが随伴進出しており、その周辺100キロ以内に主要Tier 1およびTier2企業が集中している。小林・金（2013）によれば、傘下企業は45社、納入する部品点数は649種に及ぶ。45社中万都、デンソー、ビステオンなど主要17社は北京から半径75キロ以内に位置する。45社の内訳は、現代モビスの現地法人6社、随伴進出企業32社、多国籍企業4社、中国企業3社となっている。この構成から、天津トヨタが日系企業の企業城下町であると言うならば、北京現代は、韓国企業の企業城下町であると言える。両社は類似性をもった供給体制を構築している。また、両社とも部品供給のサプライチェーンを山東地区に伸ばしてきていることでも共通している。

北京地区で北京現代を支えるもう1社のTier 1企業の現況を紹介し

ておこう。ブレーキ、サスペンション、ステアリングといった安全保安部品を生産している M 社である。M 社は中国に 5 ヵ所の工場、二つの営業法人、研究法人を有している。五つの拠点は、それぞれが機能を分担している。M ハルピンはブレーキ、M 北京はサスペンション、ブレーキ、M 蘇州はブレーキ、ABS、ESB ステアリング、M と吉利との合弁である M 天津は金型関係、M 瀋陽はステアリング、ブレーキ生産といった分担である。

　M 北京の主要生産品はサスペンションとブレーキであるが設立は 2012 年のことである。売り上げは 30 億人民元であり、現代と起亜向けがそのうちの 65％を占め、残り 35％は上海 GM、上海柳州いすゞ、吉利、長安、奇瑞である。従業員は約 700 名で内訳は管理部門 140 名、直接要員 430 名、間接要員 135 名である。サプライヤーパークには 6 社が入居している。さらに M 北京は開発センターを持っている。開発要員は 250 名で、うち韓国人は 17 名で、1.1 キロのテストコースを持っている。M 社は韓国 GM に部品を供給しており、グローバル材料と合った材料を中心にしている。したがって、ローカル部品もグローバルスペックで行っている。中国市場では、山岳地域もあり、また郊外や農村の道路状況は非常に悪いので、それに適応したブレーキやサスペンションを整備する必要がある。M 北京の RD センターは 2017 年に 100 名の増員を行う予定である。日照の RD センターに合わせて増員するが、日照の RD センターはまず車体関係から開発を始めるので、2017 年をめどに進めることとしたのである。

3-2　山東地域の韓国系部品企業

　山東地域の Tier 1 企業でもっとも注目すべきは、現代自動車へエンジンを供給する基軸企業の WIA 社であろう。WIA 社は山東半島の南側

渤海湾に面する日照に現代グループのエンジン組み立て工場を設立した。ここにはシリンダーブロック組立て、アルミダイカスト、エンジン組み立てといった建屋が並列して並んでおり、年間68万基のエンジンを生産する。北京現代へエンジンを供給すると同時に日照港からインド、北米、東欧の現代・起亜生産拠点へのエンジン供給も担当する。

　日照での現代グループのTier1企業をもう一社上げるとすればD社である。WIA社同様に現代自動車100％出資の子会社である。SUVのアクスル、トランスミッションなど4種類の製品を生産している。これまではCKD生産だった。2010年4月、日照に工場を設立、2013年に生産を開始した。現在4ライン30万台の生産能力がある。2013年は12万台生産した。アクスルは北京D社、起亜へ納入する。トランスミッションはロシアへ輸出される。従業員は110名である。

　考察の範囲をTier2企業へ移していこう。日系企業と異なる韓国Tier2部品企業の特徴は、そのアグレッシブな営業活動にある。彼らの多くは現代と起亜もしくはこれら2社に連なるTier1企業のサプライヤーであるが、天津トヨタやそれに連なる日系Tier1企業への拡販にも意欲を示している。山東地域に進出した日系Tier2企業の多くが、日系、GM系にこだわり他社拡販に消極的なのとは好対照をなす。前述したごとく山東地域が天津トヨタ、北京現代、煙台GMが錯綜するサプライヤーシステムの外縁共通地域であるとすれば、本国企業にこだわる日系Tier2企業の戦略と、韓国企業のそれとは異質である。

　まずTK社を取り上げよう。同社の設立は1978年であり、ミニモーターを生産している。設立後の1992年に建機部門に進出、2001年に煙台工場を建設、2003年には自動車部品生産を開始した。2002年にはアメリカ支社、2005年には日本支社、ドイツ支社、そして2006年には上海事務所、2009年には北京支社を設立、相次いで海外展開を実施したと言える。現在韓国本社ではワイパー、冷蔵庫、扇風機のモー

ター、建設機械、産業機械を生産している。売上は 5.7 億ドルであり、従業員は韓国国内が 1,250 名、グループ全体で 2,500 名に上る。中国拠点では自動車用のミニモーターを生産しており、従業員 730 名である。

T 金属工業もエンジンとブレーキ用のボルト、ナットといった冷間鍛造製品を生産している。2005 年、中国に進出した。工場は煙台と上海にある。日照の WIA をメインの取引先とするが韓国メーカーだけでなく中国のローカルメーカーとも取引しており、従業員は 100 名である。続いて Y 社は 2008 年に進出した。点火プラグを 150 万基生産する。その他に変圧器を 150 万台生産する。従業員は 170 名で、韓国からの出向者が 6 名である。そして AT 社は燃料と空気の混合を調整する部品を生産し、現代、起亜、現代 WIA の各種エンジンに組み込まれる。年間 140 万個生産するが、WIA に 70％、起亜に 30％、さらに WIA からロシアへ輸出される。従業員は 200 名で、R&D 機能はない。バルブやセンサーは韓国から供給される。SA 社は SH グループの 100％出資会社である。本社は、冷蔵庫や自動車用のパイプを生産している鉄鋼事業が中心の企業である。青島経済技術開発区内の青島工場は 2009 年 5 月に設立された。これまで韓国から CKD で送られてきたものを現地生産に切り替えた。ブレーキ用と燃料用のパイプ及び冷凍関係のコンデンサーも生産している。自動車部品が売り上げの 80％を占め、同じく 70％は現代、起亜向けである。家電関係が残りの 20％を占める。従業員は 280 名、うち韓国人は 6 名である。GM にも納入しているが、グローバル仕様車向け部品を生産している。

4 韓国系企業の中国展開の特徴

4-1 現地市場重視の中国展開

　現代自動車が中国の本格的R&Dセンターを北京ではなく山東省の煙台に置いたということは興味深い事実である。トヨタは、同じ性格を持つR&Dセンターを常熟においた。この違いのなかに両者の中国戦略の根本的相違と、現代の中国でのトヨタに対する戦略的優位性が垣間見られるのである。トヨタはなぜ常熟にその拠点を構えたのか。識者は、その交通上の優位性と上海との近接性を理由に挙げる。あるいは常熟の地価の安さをあげる他の識者もいる。しかし筆者たちの見るところでは、周辺に日系自動車部品企業の集積はほとんどない。これから集積を図るというその順序逆転の甘さ、また近くの湖水の泥濘を掬い取って盛り土にするといったコスト面での不利から、この事業の不可思議さを認識せざるを得ない。

　この点で対照的なのが現代の戦略である。現代はその候補地として山東省の煙台を選択した。まず、現代はその選択に当たって地政学上の位置を考慮した。韓国との近接性である。さらに現代はその政治的優位性をも考慮した。現代自動車の副会長、かつ現代自動車投資有限公司の最高責任者として中国戦略を指揮する薛栄興の原籍地は山東省日照である。中国政治がその地縁、血縁に影響されて動いていることは中国ではごくごく常識的なことである。彼の縁で様々な特典が現代に与えられたであろうことは想像に難くない。煙台の現代R&Dセンター予定地が大層な廉価で払い下げられた、その一事を以てしても推察することができる。その点で、中国政府や地方政府との交渉でトヨタとは比べものにならないほど、有利であると言える。

こうして現代は韓国に隣接する山東地区に盤石の基盤を作り始めているのである。

4-2　もう一つの拠点

このように現代は北京地域と並ぶもう一つの拠点を山東地域に構築しているのである。そして北京と山東地域をサプライチェーンで結びつけると同時に次なる戦略を着々と具体化させている。それは山東省の南に隣接する江蘇省の塩城である。ここには現代グループの東風悦達起亜の生産拠点がある。起亜は1997年に塩城に進出、2002年に現代傘下で稼働を開始し、2007年には第二工場を立ち上げてその生産を一気に40万台へと上昇させた。とはいえ、北京・山東間の連携は明確であるが、塩城・山東間の連携はいま一つの観がある。今後の方向としては、これまでの海路連運港からの搬出入に加えて陸路山東の日照から塩城への高速道路を活用したサプライチェーンが一層充実していくものと想定される。現在、現代は、さらに中国内陸の重慶での生産を計画し具体的に動き始めた。こうして現代は長期的展望に立った戦略を展開しているのである。

4-3　他社拡販の積極性

こうしたなかでの韓国Tier2各社の特徴は、その拡販の積極性にある。TK社はその販売網を主要各国に張り巡らしているし、T社も中国企業への売込みに意欲を燃やす。AT社は輸出に意欲的に取り組んでいる。SA社もGMに納入する。とにかく韓国系企業だから韓国系企業に売り込めばいいというそうした感覚はみじんも見受けられない。その意味では山東地区の地理的特性を生かして活動しているのは韓国系企業で

あって、日系企業は日系相手かGM系相手で韓国系企業ほど他社拡販には熱心ではない。もちろん韓国系企業のなかでも現代に随伴進出してきた現代の有力子会社は、「系列」関係を維持して活動しており、そのぶん他社拡販の必要性は強くなく、どちらかといえば消極的である。他方、そうした安定性を確保できないTier2以下の海外進出企業は、その経営の安定性を求めて他社拡販を日常化させるのである。その結果が先のTK社、T社、AT社、SA社の事例となって表れているのである。

おわりに

以上、中国における日本と韓国の自動車・部品企業の事業展開を概観した。そして両国を代表する企業の活動状況には、それぞれ異なる特徴がみられることがわかった。日本企業が中国で各社ごとの戦略を展開しているのに対して、韓国企業は、その企業数が少ないこともあるが、一定の国家戦略をもって、それを体現する方向で展開していることがわかった。もっとも、日系企業も2014年前後から中国を南北に2分する形で部品企業の機能別再編成を進めていることが明らかになってきている。今後さらにいかなる方向性をとるかは、今後の調査で一層詰めることとしたい。

[付記]
　早稲田大学自動車部品産業研究所は、2013年8月12日から14日まで山東省の煙台、青島、日照の3都市を訪問し、調査を実施した。煙台経済技術開発区商務局および開発区の日韓入居企業、建設途上の現代自動車中国RDセンターを訪問し、調査を実施した。特に注記ない限り、本文中の諸データ、諸情報は、この時のインタビューに依拠している。

第3節　台湾における自動車メーカーの現状

はじめに

　アジアの自動車・同部品産業を語る場合に、台湾のそれに言及する論文が少ない。しかし、日本部品企業は、その右の手で韓国と左の手で台湾と結びながら巨大市場である中国への進出を志向しているのである。韓国への日系企業の進出とそこを足場にした中国進出に関しては第5章第2節で論じているので、ここでは台湾進出との関連で論ずることとしたい。具体的には、台湾が有するIT産業との比較で論ずることとする。なぜなら、近年自動車部品の電装化が急速に進んでいる現状を考えると、電子立国・台湾の持つ意味は無視できないからである。

1　台湾の自動車産業の実情

1-1　台湾自動車産業概観

　自動車産業とIT産業とは、その産業上の性格が著しく異なるという。IT産業は日台垂直分業体制が1980年代に崩壊し、1990年代以降アメリカ多国籍IT企業と結合することで、そのEMS企業に転換、ファウンドリとして自己の位置を世界市場で占めてきたのである。すなわち日台垂直分業から日台水平分業に転換してきたのに対して、自動車産業はそれが崩されることなく日台垂直分業が維持された（沼崎・佐藤, 2012）。

まず台湾の自動車生産動向を2014年の統計でみておこう。（表1-2）年間生産台数は約33.9万台である。前年に比べると1.2％程度減少したが、約34万台とすれば、世界一の中国はいうに及ばず、日本の年間生産台数約994.3万台の3％強に過ぎないし、韓国の455.8万台の8％にも満たない。しかも人口2,300万人のこの狭き市場に主要6社がひしめき合っているのである（表1-2参照）。

表1-2　2014年台湾自動車企業の生産販売台数（万台）

	生産	販売
国瑞	17.4	10.6
中華	5.4	5.1
裕隆	4.6	4.9
福特六和	3.1	3.0
台湾本田	1.9	1.9
三陽	1.5	1.5
合　計	33.9	27.0

出典：台湾区車両工業同業公会資料（2015）。

車種別にみると乗用車は約27.8万台、商用車は約6.1万台で、それぞれ82％、18％と乗用車が圧倒的比率を占めている。では6社の乗用車の生産内訳を見ておこう（図1-2）。トップがトヨタ系の国瑞であり、17.4万台（49％）で市場の約半分を占めている。以下三菱系の中華が5.4万台（13％）、日産系の祐隆の4.6万台（11％）、福特六和3.1万台（6％）、台湾本田の1.9万台（6％）、現代自動車三陽の1.5万台（5％）で、その他マツダ系の福特六和の1.2万台（4％）、三菱ふそう系の中華の1.1万台（3％）、日野系の国瑞の0.7万台（2％）となっている。トヨタを筆頭とする日系が圧倒的優位を占める市場なのである。台湾内の新車販売台数は2005年の51万台をピークにして漸減傾向にあり、2014年には27万台まで減少しており、今後台湾で増加に転ずる見通しは少な

表1-3　台湾メーカー別自動車生産台数推移（2006-2011）（台）

メーカー	2006年	2007年	2008年	2009年	2010年	2011年	累計
トヨタ（国瑞汽車）	96,835	98,606	66,044	91,425	118,733	153,925	625,568
三菱（中華汽車）	43,566	45,932	31,373	39,784	44,915	51,307	256,877
日産（裕隆汽車）	36,558	33,686	24,459	26,926	37,001	43,311	201,941
Ford（福特六和）	31,318	29,562	15,329	18,626	24,035	22,938	141,808
ホンダ（台湾本田）	20,559	28,660	20,940	23,340	28,358	19,267	141,124
マツダ（福特六和）	21,856	15,786	6,070	9,524	14,055	14,529	81,820
現代（三陽工業）	14,227	8,876	4,541	5,327	9,904	12,384	55,259
Luxgen（裕隆汽車）				1,572	13,174	12,166	26,912
三菱ふそう（中華汽車）	11,644	5,895	5,570	5,130	7,228	8,792	44,259
日野（国瑞汽車）	2,907	1,738	1,847	1,878	3,579	3,622	15,571
Tobe（裕瑞汽車）				128	1,383	840	2,351
DAF（台朔汽車）		12	80	67	243	403	805
奇瑞（太子汽車）					791	304	1,095
いすゞ（台湾五十鈴）	4,680	2,197	2,439	417	45	84	9,862
UDトラックス（裕隆汽車）	299			74	90	12	54	529
その他※	18,780	12,489	4,203	2,128			37,600
台湾自動車生産合計	303,229	283,439	182,969	226,362	303,456	343,926	1,643,381

※その他には、スズキ、Buick、Chrysler、韓国GMが含まれる。
出典：同前。

い。その背後には、日韓同様台湾の人口減少、少子化、晩婚化がある。しかも経済停滞や就職難から若者の車購買力減退は大きい。

　また、台湾はバイク天国としてもその名を知られている。通勤時は道路いっぱいにバイクがあふれ、バイク洪水が発生する。台湾の若者はバイクやスクーターから自動車へ乗り換えるという憧れをあまり持たず、むしろその機動性や利便性の高さから、都市の若者のライフスタイルに合致しているバイクやスクーターが依然として人気なのである。それは都市インフラの未整備が生み出す交通渋滞への対応や駐車場の未整備、加えて燃料や維持費という観点から４輪車よりバイクやスクーターがはるかに便利だからである。台湾ではバイクを持っていないと女性とデートができないといわれる。たとえば、男性のバイクに女性が乗って移動する形で合コンが開催されるケースが多々あり、恋人の通勤や通学の送り迎えなどにも積極的に利用される。つまりは、２輪車は必ずしも４輪車では代替できない機能と役割を持つのである。台湾で「大化け」

する可能性があるのは、自動車というよりは電動バイクや電動スクーターかもしれないのである。

　自動車部門で「化ける」可能性があるのは、裕隆が生産販売し、中近東のドバイに輸出を試みている「ラクスジェン（Luxgen、納智捷）」であろう。世界初の電気SUV車としてドバイモーターショーに出展されたとき大変な注目を集め、ラリー・レーサーのモハメド・ビン・スライエムも試乗したという。多目的電気自動車「ラクスジェン」の性能やスピードは同型のガソリンエンジン車と大きくは変わらない。本体と電池は別々に販売する予定で、本体は110から120万元で電池はリースや分割払いも可だという。

1-2　台湾自動車産業の輸出状況

　したがって、台湾自動車産業の将来は、国内需要よりは輸出にかかっているといったほうが良い。（図1-3）リーマン・ショックで国内市場が落ち込んだ2008、2009年以降台湾からの輸出は徐々に増加を開始し、2012年には輸出8万台、輸出比率は20％台に近づいた。前年比30％増であり、しかも、今後はいっそう増加することが予想される。ざっと主要企業の輸出動向を見ておこう。台湾自動車業界トップの国瑞は、「カローラ」、「アルティス」を主に中近東に年2.5万台から3万台輸出する計画である。日産裕隆は、車種は明らかではないが、フィリピン、エジプト、ベトナムへの輸出を考えているという。また、福特六和は、「エスケープ」を日本、オーストラリア、ニュージランドへ年5千台輸出する計画である。裕隆汽車は高級ブランド車「ラクスジェン」をオマーンやドミニカに輸出する予定だという。大きくみれば、台湾は、その主要な輸出先として中近東を射程においている。そもそも中近東は自動車の国産化政策を持たない国が多いので、台湾からの輸出でも高関税を賦

図1-3 台湾自動車ブランド別の輸出推移（台）

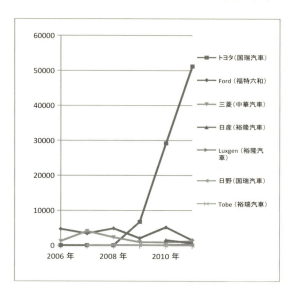

出典：同前。

課されることがない。台湾に進出した自動車企業の立場からみると中近東に直接拠点を設けるのは、リスクが高いので、台湾から輸出攻勢をかけようとする。しかし、台湾がもっとも熱い視線を注いでいるのは中台の経済協力枠組協議（ECFA）の締結である。もし完成車のゼロ関税が中台で適応されれば、中台は「同一市場」となり、新車市場が30万台しかない台湾にとって、中国輸出のメリットは非常に大きい。さらには中台で分業体制をひき、ラインナップを増やしていくことも可能である。

2 台湾自動車企業分析

では台湾の自動車産業は現在いかなる状況にあるのか。ここでは業界第1位の国瑞に焦点を絞りながらその実情を見ておくこととしよう。

2-1　国瑞汽車

　1984年に台湾の和泰汽車と日野自動車の合弁で設立された。資本金34.6億元、従業員は4千名で、そのうち、日本からの出向者が14名（トヨタから12名、日野から2名）である。工場は乗用車を生産する桃園県中壢工場と商用車を造る桃園県観音工場を有する。年間生産能力はそれぞれ10万台/年と6.5万台/年である。主要製品は、乗用車では「カムリ」、「カローラ」、「アルティス」、「ウィッシュ」、「ヴィオス」、「ヤリス」、「イノーバ」を、大型車では「日野」がトラックとバスを生産している。研究開発センターの機能があり、100名のエンジニアで台湾市場向けの設計をおこなっている。トヨタはアジア地区のヘッドクウォーターをタイに置いているので、台湾工場はタイの傘下にある。従って、

図1-4　国瑞汽車の自動車生産台数推移（台）

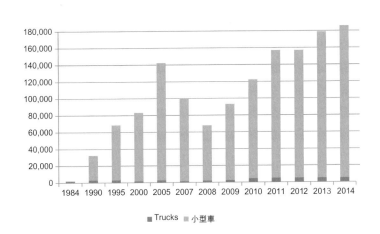

出典：国瑞汽車資料（2015）より作成。

第1章　中国地域における自動車・部品産業　　87

従業員の技術研修先はタイである。

　同社の自動車生産台数推移をみると、1984年のトラック2千台生産からスタートし、2011年には15.7千台まで伸びた。(図1-4参照)しかしながら、台湾自動車市場はカードローン問題の影響もあって2007年から市場が落ち込み、2008年にはリーマン・ショックの影響も受けた。たしかに2010年はエコカー減税があったが、2011年にその減税策が終了したところにタイの洪水の影響でタイからの部品供給が中断したために生産は落ち込んだ。2011年中にはなんとか挽回したが、2012年には欧州債務問題の影響で同年第三・四半期は足踏みしている状況だった。

　このような状況下で、2009年から中近東への輸出を開始した。2012年トヨタ全体で中近東への輸出は17万台、そのうち10万台が日本から、7万台が台湾からの輸出である。三菱自動車も台湾から中近東への輸出を始めている。タイの洪水の影響で、台湾での部品の生産も始めたことは、国瑞汽車の売上増に貢献している。

　ECFA(Economic Cooperation Framework Agreement:両岸経済協力枠組協議)の締結も台湾自動車・同部品産業に大きな影響を与える。中国部品がECFAによって関税ゼロになるとタイからの部品と置き換えることができる。完成車も関税ゼロになれば、天津工場で生産してトラックで上海まで輸送する期間は2～3日、台湾工場で生産して船で上海まで輸送する期間は1日半である。したがって、台湾で生産し、中国へ輸出する道を模索することも重要になる。

　「台湾の製造業の強さは何か」と質問したことがあるが、「台湾の歴史と教育です」という答えが返ってきた。台湾の多様性、海外とのつながり、日本の教育制度の影響がその強さを形成しているということである。安い労働力を求めて中国に進出したが、中国の賃金水準は台湾のそれとは縮まりつつある。さらに部門によっては逆転しているところも出

てきている。「これからはホワイトカラーの実力が競争を勝ち抜く鍵になるのではないか」という言葉が印象的であった。

2-2　福特六和

　福特六和は、1972年にフォードが70％、六和が30％のジョイントベンチャーとしてスタートした。1980年にはマツダの開発拠点として台湾、オーストラリア向けの開発を行い、1988年には台湾における販売権を得た。1982年には台湾ドルの高騰によって、フォードの輸出車向け中心の生産から台湾国内向け生産もスタートした。2006年からは中国への輸出も始めた。現在フォードの設計機能もありエンジニアが70〜80名いる。フォードは上海に極東地区のヘッドクウォーターをおき、台湾工場はその傘下にある。台湾工場の役割として、フォードの中国重慶工場の支援、重慶工場の中国人労働者の台湾工場での教育が近年求められており、台湾人と中国人の言語が共通であること、台湾人は英語も得意でありフォードのデトロイト本社とのコミュニケーションも円滑にできる台湾工場は、高度人材の集積拠点、かつ研修のハブ拠点としての機能も担っている。台湾人で、中国南京工場で勤務帰任し、英語も流暢な工場長が言った「台湾は国内マーケットも小さいので海外を意識するしかない。昨今、日本の製造業が台湾と比べて競争力を失ってきているのは、このあたりに原因もあるのではないか」という話が印象的であった。

おわりに

　以上、台湾自動車企業の現状を概観した。ここでの考察から浮かび上がる台湾企業の将来像は、台湾で強力なパワーを有するIT産業と自動

車産業の結合によるEV車の生産であり、その生産基地を中国大陸に求めて事業展開することである。現に2016年5月20日の「日本経済新聞」によれば、台湾企業の裕隆は、中国大陸で電気自動車を生産し、販売する戦略を展開し始めたという。こうした動きは、今後一層強まることが予想される。

第 2 章
アセアン・インドの自動車・部品産業

第1節　アセアンの自動車・部品産業

はじめに

　本章では(i)アセアン自動車産業の概況、(ii)アセアン諸国での自動車・部品産業の現状をふまえ、(iii)アセアンが推し進めている「AEC2015」、「AEC2018」の歴史とその到達点を検討したあと、(iv)そのスキームに如何に自動車・部品企業がかかわって活動してきたかをトヨタのIMV車であるピックアップトラック「ハイラックス」、SUV「フォーチュナー」、MPV「イノーバ」に焦点をあてて検討を試みる。

1　アセアンの自動車産業概況

1-1　アセアンの自動車生産状況

　2014年のアセアン5ヵ国の自動車生産台数（表2-1）は合計398万台余に達し、2010年の生産台数310万台余と比べると、この間の増加率は28.5%となった。続く2015年度は、タイ、インドネシアともども国内需要の減退のなかで、その生産と販売を減少させている。
　2014年のアセアンの国別生産台数をみれば、タイ（188万台）、インドネシア（130万台）の両国でアセアン5ヵ国総生産台数の79.8%を占めている。この「2強」に続いて、第3位以下はマレーシア（59万台余）、ベトナム（12万台余）、フィリピン（9万台弱）の順となっている。

表2-1 アセアン5ヵ国における自動車生産状況 (台)

	タイ	インドネシア	マレーシア	ベトナム	フィリピン	合計
2010年	1,645,304	702,508	567,715	106,166	80,477	3,102,170
2011年	1,457,795	837,948	533,515	100,465	64,906	2,994,629
2012年	2,453,717	1,065,557	569,620	73,673	75,413	4,237,980
2013年	2,457,057	1,208,211	601,407	93,630	79,169	4,259,474
2014年	1,880,007	1,298,523	596,418	121,084	88,845	3,984,877

出典：ASEAN Automotive Federation（2015）。

　各国の対前年（2013年）比生産増減率を見ると、タイが23.5％減を示したものの、インドネシアは7.4％増加し、インドネシアがタイに次ぐアセアンにおける第二の自動車生産大国となりつつあることが分かる。残りの4ヵ国では、近年生産台数の落ち込みが著しかったベトナムが2014年は前年比29.3％の増加に転じ、フィリピンの生産台数を抜いた。フィリピンも前年比12.2％増を示し、アセアンの中で唯一の国民車生産国であるマレーシアは0.8％減であった。

　このようにタイがアセアン自動車産業を牽引する役割を担っていると言うことができるが、2014年以降成長率が鈍ってきているタイと比較し、インドネシアは2015年以降タイと同様減少傾向にある点が指摘される。インドネシアは、生産台数の面では、未だタイには及ばないものの、国内市場向けの生産に加え、輸出を増加させれば更なる成長が期待できる余地が残されている。一方でフィリピンとベトナムでの自動車産業は2015年以降上昇機運にあるとはいえ、それまでは低迷傾向が顕著であった。フィリピンではフォードやマツダが生産から撤退し、ホンダも一部車種の生産を中止しタイへ生産移管を進めている。また、ベトナムにおいては、2014年の自動車生産台数が前年を上回ってはいるものの、本格的な回復軌道に乗ったというには時期尚早である。

1-2　アセアンの自動車販売状況

　次に販売面をみておこう（表2-2）。生産同様販売面でも2015年に入り販売減が続いているが、2014年のアセアン5ヵ国の自動車販売台数は合計312万台余で、2013年の販売台数の349万台余と比べると、10.6%の減少となっていた。各国別の販売台数及び増減率でみれば、インドネシアはアセアンのうち最大で120万台余の販売を記録し、前年比1.8%減でアセアンの中で唯一、2012年以降100万台を超える線を維持した。インドネシアに次ぐ市場規模を誇るタイは88万台余で前年比33.7%減で100万台のラインを割った。マレーシアは66万台余で前年比1.6%増、フィリピンは23万台余で前年比29.1%増、ベトナムが13万台余で26.1%増という結果になった。

　すなわち自動車の生産とは異なり、2014年時点で販売においてはタイに代わってインドネシアがアセアン最大の市場となった。しかし、2013年までは政府による自動車購入促進政策も手伝ってタイがアセアン最大の市場だった。ところが2013年に促進政策が終了したこともあり、タイにおける自動車販売台数は前年を下回った。逆に、安定的な自動車市場の伸びを見せたのがインドネシアであった。インドネシアの自動車販売台数は同国経済の成長とともに増加してきた。加えて2013年からは、インドネシア政府が自動車産業の育成を図るべく、タイ政府が

表2-2　ASEAN各国別の販売台数　（台）

	タイ	インドネシア	マレーシア	フィリピン	ベトナム	合計
2010年	800,357	764,710	605,156	168,490	111,737	2,450,450
2011年	794,081	894,164	600,123	141,616	109,660	2,539,644
2012年	1,436,335	1,116,212	627,753	156,654	80,453	3,417,407
2013年	1,330,672	1,229,901	655,793	181,738	98,649	3,496,753
2014年	881,832	1,208,019	666,465	234,747	133,588	3,124,651

出典：ASEAN Automotive Federation（2015）。

過去に行った戦略と類似したLCGC（Low Cost Green Car）政策（4で後述）を実施し、販売台数を押し上げた。アセアン第3位の販売規模を持つマレーシアは自動車生産、販売の両面で大きな変化は認められない。しかし、販売台数では若干ながら国内生産台数を上回っており、マレーシア国産車の販売が主流であった時代と比べると、輸入車の比率が増えつつある。

1-3 アセアン自動車産業の位置付け

2014年に全世界で生産された自動車（乗用車及び商用車）は8,410万台で、アセアン5ヵ国内においては398万台余であった。世界第5位の自動車市場であるアセアン5ヵ国の生産シェアは、全世界の生産台数の約5%弱に過ぎないが、今後、タイでの自動車生産が回復し、インドネシアや他のアセアン諸国における自動車生産に成長が見込まれるならば、世界でのアセアン自動車産業が占める重要性が増してくることは間違いないだろう。また、既に日米の各自動車企業にとって、タイやインドネシアはグローバル戦略での製造拠点、さらには新興国向け自動車開発（R&D）拠点としての機能が求められ始めている。

タイ

初めにタイの事例を見てみよう。日系自動車企業ではトヨタ、ホンダ、日産、三菱、マツダ、いすゞ、スズキ等が、欧米系自動車企業ではGM、フォード、BMW、メルセデスが製造拠点を有している。その中でも、トヨタ、ホンダ、いすゞの3社がタイ自動車市場全体シェアの7割を占めている。

トヨタの場合、タイは同社の新興国向けIMV車生産の中心的拠点となっており、特にピックアップトラック「ハイラックス」シリーズや

SUV「フォーチュナー」など同じプラットホームを用いる車種の対アセアン、中東向け輸出基地として重要な役割を占めてきている。また「ハイラックス」は欧州、オーストラリアにも輸出されている。2013年から同社は新興国向け小型車のプラットホームを開発し、それを用いたハッチバックタイプの「ヤリス」(欧米日向けとはデザイン、仕様が異なる)とセダン「ヴィオス」の生産をタイで開始した。後者の「ヴィオス」はアセアン以外に中東諸国にも輸出されている。主力の上級セダン「カムリ」、中型セダン「カローラ」もタイで生産されたモデルがASAEN域内に輸出されている。また、トヨタは2003年からR&D拠点をタイに設けており、アセアンや新興国の過酷な道路状況、現地消費者の趣向に合わせた商品開発を行っている(「トヨタ」HP, 2013年)。

ホンダはタイの工場でタイのエコカー認定基準を満たした現地専用車「ブリオ」や世界戦略小型車「ジャズ」(日本名「フィット」)、小型セダン「シティ」、中型SUV「CR-V」、上級セダン「アコード」を生産している。「ブリオ」はホンダのタイR&D拠点で現地技術者と日本の技術者が共同でデザイン、設計を行ったモデルである。輸出に関しては「アコード」をアセアン域内及びオーストラリア向けに輸出しており、より高度な技術が必要な上級車の生産拠点としてタイが相応しいとホンダは判断したようである(「ホンダ」HP, 2015年10月31日,「マークラインズ」HP, 2013年9月13日)。

日産はタイでピックアップトラック「ナバラ」や上級セダン「ティアナ」の他に、中型セダン「シルフィー」、小型ハッチバック「マーチ」やマーチベースの小型セダン「アルメーラ」(「日本名サニー」)を生産している。特に、「マーチ」と「アルメーラ」に関して、日産はタイをアセアン、欧州、日本、オーストラリア向け輸出拠点として活用している。

三菱はタイで中型セダン「ランサー」、ピックアップトラック「トライトン」とプラットホームを共有するSUV「パジェロスポーツ」、小型ハッ

チバック「ミラージュ」と同じくプラットホームが共通化されたミラージュの小型セダン「アトラージュ」を生産している。同社は「トライトン」を北米を除く全市場に、「ミラージュ」を全世界市場向けに輸出している（「三菱自動車」HP，2015年2月9日）。

　マツダはタイで小型ハッチバック「Mazda2」（日本名「デミオ」）と派生型セダン、「Mazda3」（日本名「アクセラ」）をタイ国内とアセアン向けに、ピックアップトラック「BT-50」を国内とアセアン、オーストラリアに輸出している。

　いすゞはタイでピックアップトラック部門において、トヨタに次ぐ生産、販売実績を持っている。タイでは、「D-MAX」と同車ベースのSUV「MU-7」を生産している。特に前者の「D-MAX」は他のアセアン諸国、オーストラリア、欧州、アフリカに向けて輸出されている。

　なお、マツダといすゞは、それぞれ、フォード及びGMと共同で生産している。例えば、フォードブランドではマツダ「BT-50」の姉妹車として「レンジャー」の名で国内外向けにタイで生産しており、マツダとの部品の共有化を進めている。その他には、小型ハッチバック「フィエスタ」や中型ハッチバック「フォーカス」を生産している。いずれもGMと共同で自社「D-MAX」の姉妹車としてシボレー「コロラド」を生産、アセアンに輸出、同車はオーストラリア向けにはGM現地ブランドのホールデン「コロラド」として販売されている。また、同社は中型セダン「クルーズ」やSUV「トレイルブラザー」をタイで生産している（「マツダ」HP, 2012年4月25日,「いすゞ」HP, 2001年1月12日,「Chevrolet Thailand」HP）。

インドネシア

　次にインドネシアを見てみると、日系ではトヨタ、ダイハツ、ホンダ、スズキ、日産、三菱等が生産拠点を有している。日系最大のトヨタはイ

インドネシアでタイと同様にIMVのSUV「フォーチュナー」、MPV「イノーバ」を生産している。両モデルは、アセアン、中近東に輸出されている。また、前モデルまではタイからの輸入であった「ヴィオス」を新モデルからインドネシア国内生産に切り替えた（「トヨタ」HP, 2014年3月26日）。

インドネシアにおいてダイハツは、トヨタに次ぐ販売シェアを有しており、また、トヨタグループの一員として、トヨタ及びダイハツの主要モデルを生産、販売している。ダイハツは、インドネシア市場で好まれる小型MPVのダイハツ「セニア」、そして姉妹車であるトヨタブランドの「アバンザ」を生産している。「セニア」と「アバンザ」はロゴマークを除いて全く同じモデルであり、後者の「アバンザ」はアセアンや南アフリカ、一部中東諸国に輸出されている。そして、2013年にはLCGC政策に対応するエコカーのダイハツ「アイラ」と、その姉妹車であるトヨタ「アギア」の生産を開始した。両モデルについても、ロゴマークと一部仕様を除いて全く同じモデルである。他にダイハツはSUV「テリオス」並びに同モデルをトヨタ「ラッシュ」として生産している（「トヨタ」HP, 2012年9月19日、「ダイハツ」HP, 2013年9月9日）。

ホンダはインドネシアにおいて、LCGC政策に応ずるべく、小型車「ブリオ・サティヤ」のインドネシア国産化を進め、今後は「ブリオ」ベースの小型MPV「モビリオ」の生産を開始する予定である。また、既に同社はMPV「フリード」をインドネシアで生産し、タイやマレーシアに輸出を行っている（「レスポンス」, 2013年9月13日）。

スズキはインドネシアをアセアンにおける生産拠点としており、小型車「スイフト」、SUV「グランドビターラ」や小型MPV「エルティガ」を生産している。なお「エルティガ」はマツダ向けに「VX-1」としてOEM供給されている。輸出に関しては、インドネシアで生産された各モデルを他のアセアン市場に輸出している。スズキのLCGC対応として

は、小型車「ワゴン R」をベースに、現地名を付け加えた「カリムン・ワゴン R」を販売している（「スズキ」HP，2013 年 9 月 19 日）。

日産はインドネシアにおいて MPV「リヴィナ」、SUV「ジューク」等を生産している。今後は従来の日産ブランドに加え、「ダットサン」ブランド車をインドネシア国内で生産・販売する予定であり、最初のモデルとしてダットサン「Go」の発売が開始される。「Go」は日産にとって、自社ブランドではないものの、LCGC に対応している（「日産」HP，2014 年 5 月 8 日）。

その他

タイ、インドネシアの他には、マレーシアで国産ブランドの「プロトン」が自社生産車を販売し、同じく国産ブランドでありながらダイハツと資本提携関係にある「プロドゥア」がダイハツのリバッジモデルを国内で販売している。輸出に関しては、両ブランドのモデルが少量ではあるものの、イギリス、オーストラリアや隣国タイ、インドネシアに輸出されている（「Perodua」HP）。

フィリピン及びベトナムの自動車産業は、自国マーケット向けの車両を生産するに留まっており、本格的な輸出には相当な時間が掛かると予想される。フィリピンには主に日系が、ベトナムには日系、中国系、韓国系企業が進出している。生産されている車種はトヨタの場合、フィリピンで「ヴィオス」、IMV「イノーバ」を、ベトナムでは IMV 車や非 IMV の「カローラ」や「カムリ」、「ヴィオス」も含まれているが、どちらかというと CKD 生産と言った方が実態に合っている。また、ホンダや日産もベトナム国内に工場を保有しているが、CKD に近い形である。

韓国系では起亜が地場の Truong Hai 社に生産を委託しており、小型車分野では現地生産された「ピカント」が人気車種となっている。しか

し、現時点で起亜はベトナムでの自社生産を開始する動きは無く、現代のエンジン工場の立ち上げの計画も白紙に戻った。

2　アセアン自動車・部品産業の最近の傾向

2-1　先発グループ

タイ

　タイは長らくアセアン自動車・部品産業の牽引国として輝かしい功績を残してきた。その背景には、タイ政府が自動車・部品産業を同国の工業化における主要な柱と位置付け、国内の自動車需要を創出させるというインセンティブ供与のみならず、完成車輸出をも視野に入れた政策を外資系自動車企業に提示し続けてきたことがある。

　しかし、ここにきてタイの自動車生産台数は前述のデータが示すように、2012年と2013年を比較すると横ばい状態が続いている。これには、タイ国内の新車販売の低迷が一つの大きな要因となっている。2012年末で「初回自動車購入に関する税還付政策」（自動車購入の為の政府によるインセンティブ）が終了したことが販売低迷を引き起こす最大の理由となったのである。また、タイからの完成車輸出は相手国の経済状況に左右される為に、国内販売の減少を輸出でカバーしきれていないことも要因としてあげられる。そしてタイ自動車・部品産業の不振が国内経済の低迷を招く悪循環をもたらしている。

　合わせて、2007年から開始された「第一次エコカー政策」はタイにおける低燃費環境対応車の生産を促進させたが、タイ投資委員会は新たに「第二次エコカー政策」を提唱し、2014年3月末までに各完成車企業に対して申請を受け付けるとした。しかし、この「第二次エコカー政策」は、第一次のそれと比べて低燃費認証基準が一段と厳しい上に、各

自動車企業による最低投資額も高く設定されており、不安要素が多かったのである（「Newsclip」HP，2013年8月29日）。

これらに加えて、2014年初頭からタイの国内政治情勢が混乱し始めており、自動車・部品産業に及ぶ影響は限定的であるという冷静な見方がある一方で、混乱が長期化すれば、自動車・部品の生産、そして国内新車販売に悪影響を及ぼし兼ねないという懸念も生じている。

以上のようなネガティブな見方がある一方で、タイの高度な自動車・部品産業における技術の蓄積は、多くの完成車、部品企業にとってタイが魅力的なビジネスの場であるという認識を持たせ続けている。それどころか、トヨタやデンソー等の完成車、部品企業はアセアン及びオーストラリア統括事業本部を従来のシンガポールからタイのバンコクに移転させる動きを加速させている。大手、準大手の部品企業もタイでのR&D機能を一層強化し、アセアンや他新興国向けモデルに搭載する部品の考案及び設計を日本からタイに集約させつつある。タイ地場部品企業も日独をはじめとする外資系部品企業に負けじと、更なる高度な技術と高度人材の獲得に余念がない。タイ最大手のタイ・サミットグループは、日本の金型製造大手オギワラを買収し、また、タイ国内の完成車企業向けに日欧米の大手部品企業と合弁企業を設立する形で生産能力向上に努めている（「SCKT」HP）。

インドネシア

インドネシアの自動車・部品産業は2010年頃から急速に成長し始め、今日ではタイに迫る勢いすら見せ始めている。これはインドネシアの経済発展により、自動車を初めて購入する中間層が都市部を中心に増加したことが大きい。これに加えて、2013年から政府がインドネシアにおける自動車産業の育成に本腰を入れ、完成車企業だけではなく部品企業をも含む自動車裾野産業の育成を行い、環境に配慮したエコカー

の生産及び低価格車の普及促進に努めるという目標を定めた「LCGC政策」を実行に移したことも大きく寄与している。

　LCGC政策とは、自動車本体価格が最低65万円で、政府が定める燃費性能（1Lあたり20km以上）を満たし、使用される部品の現地調達率が80％以上を超えていれば、10％の奢侈税（ぜいたく税）が免除されるというものである。これにより、日系各社はLCGC政策対応車を相次いで投入し、ダイハツ、ホンダと日産はLCGC適合車の生産に向け、新たに工場を建設するなど、インドネシアの自動車産業育成に日系自動車企業が大きく貢献している（「東洋経済ONLINE」, 2013年10月4日）。

　インドネシア自動車・部品産業の強みは、政治的安定性とLCGCに代表される自動車産業への具体的な政策の存在である。特に前者の政治的安定性に関して、かつてインドネシアは幾度も政治的混迷に直面し経済分野にも大きな悪影響を及ぼしていた。しかし、2004年にユドヨノ政権へ移行してからは国内政治の安定化と経済政策に力を入れ、今やインドネシアはアセアンの牽引役となっている。

　一方でインドネシアは以下のような課題に直面している。第一に賃金の急激な上昇である。2013年、ジャカルタ州では2012年比で約60％も賃金が上昇した（酒向, 2014）。長期的に見れば、賃金が上がることで自動車購買層が増えると考えられるが、あまりにも急激な賃金の上昇は企業側にとって大きな負担となっている。故に、これまでインドネシア国内で行われてきた労働集約型産業がラオス、カンボジア、ミャンマーに移る可能性も否定できず、企業側と政府側双方にとって難しい課題となっている。

　第二に、国内の経済格差である。ジャカルタ、スラバヤ（インドネシア第二の都市）があるジャワ島とスマトラ、カリマンタン島、ニューギニア島との間に存在する経済格差は依然として大きいものとなっている。従って、現状では急速な自動車需要の伸びは期待できないが、もし

仮に格差が是正されれば、自動車拡販が期待でき、ジャワ島以外の膨大な人口を有するマーケットへの本格的な自動車販売が可能となると予想される。

第三に、道路や港湾施設を含むインフラの未整備である。自動車が急激に増え、特に首都ジャカルタでは道路整備が間に合っていない。よって、ジャカルタ近郊に工場を持つ完成車・部品企業にとっては交通渋滞の発生により「時間に正確」（ジャスト・イン・タイム）な輸送が確保しにくい状態が顕在化している。そして、完成車や部品の輸出入を行う港の船舶は飽和状態で、港湾設備の面でも、需要に対応できていないのが現状である。インドネシアがタイを凌ぐアセアンの自動車大国になる為には、インフラ整備が緊急の課題である（公益財団法人国際通貨研究所，2013年8月19日）。

最後に、インドネシアの自動車部品産業を見ると、現状における部品企業の数はタイの約372,390社より少なく約1,550社となっている（坂東，2015）。無論、タイと同様にTier1からTier3サプライヤーまで存在するが、殆どが外資系部品企業によって占められており、地場企業の数は少ないままである。しかし、従来は高度技術が必要な部品をタイから輸入してきたのが、LCGC政策によって各社ともに現調率を引き上げようとしているため、今後はこれまで以上に外資系部品企業の進出、そして、インドネシア地場部品企業の質的向上と量的増大が重要課題になると考えられる。

マレーシア

マレーシアはアセアンで唯一、国産車ブランドを有しており、1983年にプロトンが、1993年にはプロドゥアが国産車の生産を開始した。とはいえ両ブランドともに国産ではあるものの、主要部品の多くは、それぞれ三菱及びダイハツの技術援助を受けている。このようにマレー

シアが国産車の育成を図ったことで、自動車普及率は1,000人当たり369台と高い数字を誇っている（国際協力銀行 2014, p.187）。一方で、2000年代半ばから、国産車に対する人気が落ち始めると、積極的に外資系企業を招致したタイやインドネシアに後れを取り始めた。したがって、外資系企業がマレーシアへ積極的に進出するにつれ、政府も自由化の圧力を受ける事となり、国産車政策を維持しながらも自動車産業に関する政策転換を進めている。マレーシア政府は、2014年1月に「NAP : National Automotive Policy14」と題した国家自動車政策を表明した。同政策の中身としては、①マレーシアを環境対応車（EEV）生産のハブ化とする、②高付加価値部品の生産、③自動車・部品の輸出、④2020年までに20万台の輸出及び100億リンギット以上の自動車部品輸出、⑤財政状況に応じた将来的な物品税の引き下げ、⑥国産車企業やブミプトラ企業への生産推奨などが含まれている（『ジェトロセンサー』, 2014年7月）。

　①のEEV車の生産について同政策は、国産ブランドだけに限らず日本をはじめとする外資系企業によるEEV生産を促進させる内容となっている。日系では既にホンダが工場を増設し、小型ハッチバックHV「ジャズ・ハイブリッド」を生産するなど、本格的なEEV生産に向けた準備が整いつつある（「レスポンス」HP, 2014年1月17日）。

　マレーシアの自動車部品企業数は690社以上あり、企業の種類別ではAブミプトラ企業、B華人企業、（A、Bは地場企業）そして、C外資系企業の三つに分類できる。マレーシアでの自動車部品供給体制に関し部品産業の蓄積は進んでいるものの、外資系自動車部品企業はマレー系のブミプトラ企業ではないということで、優遇政策の対象外として不利な立場に置かれている。現状では地場部品企業の輸出は限られている。従って、既に述べた政府の新規自動車政策が功を奏せばHV等の環境対応車部品を生産できる企業が増加し、マレーシアがより先進的なエコ

カー生産の中心拠点になる日はそう遠くなさそうである。

2-2　後発グループ

フィリピン

　フィリピンの自動車生産台数は、表4-1（95頁）が示す通り年々減少傾向にある。その一方で国内販売台数は増加傾向にあり（第4-2表）、完成車企業がフィリピンでの生産から撤退していく中で、AFTAを利用してタイやインドネシアからの輸入が増加している。フィリピン国内に生産拠点を残しているのは、トヨタ、ホンダ、日産及び三菱である。そのうち三菱はフィリピンでトヨタに次ぐシェアを有している（「日本経済新聞」HP，2015年7月15日）。

　では、何故フィリピンにおいて自動車産業は衰退してしまったのであろうか。それは部品産業の蓄積が十分でないこと、そして、タイやインドネシアのような政府による自動車産業振興への具体的な政策が欠けている事が理由として挙げられる。その傍ら、フィリピンは完成車企業の内製品（マニュアルトランスミッション等）の生産拠点として機能し続けている。前述した三菱は、1960年代に車両や部品の現地生産を促進するために講じられたPCMP（Progressive Car Manufacturing Program）政策に沿って、一社一品の部品製造義務に従い、アジアン・トランスミッション社を創設した。トヨタもフィリピンをアセアン戦略におけるトランスミッション生産のハブ拠点として活用している。AFTAを用いた域内相互部品補完体制の中において、同国は重要な役割を担っていると言える（清水，2005）。

　フィリピンはモータリゼーションを迎えておらず、2015年以降は「AEC2015」設立により、輸入車がさらに増えると考えられる。しかし、政府による具体的な自動車産業振興政策が無ければ、フィリピン自

動車産業は厳しい状況のまま行き場を失いかねない。フィリピン政府は2010年に大統領令「新自動車生産発展対策（MVDP）」を公布し、中古車の輸入規制、自動車生産育成の方向を打ち出したが、2015年6月、さらに「包括的自動車産業再生プログラム」を発表、自動車企業や部品企業に対するインセンティブを強化して、同産業への育成対策を強め、アセアンでの位置の向上を図ろうとしている。同政策の骨子は、第一に車体および主要なプラスチック部品の製造、第二に現在フィリピンで製造されていない共通部品および戦略部品の製造、そして第三に自動車および部品の検査設備の整備である。日系企業では、トヨタ、三菱自動車が対象となるので、両企業と関連した日系部品企業のフィリピン進出が増えることが予想される。フィリピンの現状は、販売台数ではインドネシア、マレーシア、タイに大きく遅れ、生産台数でも10万台前後と、自動車産業が根付いていないベトナムを下回る現状である。今後は、自動車産業活性化政策による国内市場向け供給が海外在住経験者が多いとされるフィリピン人にどれだけ応えられるかがカギだといわれる（「日本経済新聞」HP，2016年2月16日）。

ベトナム

2012年のベトナムの自動車販売台数は約67,000台を下回ったが、2013年にはようやく回復の兆しが見えた。完成車を生産する際には、国内で生産された部品を用いるよりは、タイやインドネシア、一部は日本から輸入した自動車部品を組み付けて、完成車としてベトナム国内で販売する方式が一般的である。このように部品の多くを輸入に頼る理由は、ベトナムにおける自動車部品産業が未熟で、今後もさほど成長が見込めないからである。

ベトナムは今日、韓国のサムスンのスマートフォン生産で世界から注目されている。しかし、電機産業においても、部品は本国または周辺国

（サムスンの場合は韓国と中国）から輸入しており、ベトナム国内では組み付けが行われているに過ぎない。自動車・部品産業においても電機産業と類似した構造が見受けられるのである。

　例えば、トヨタとサムスン電子の原材料・部品の現地調達率を見ていくならば、2015年秋時点で前者は車種によって19〜37％、後者は10％となっており、外資系企業が求める品質に応えられる現地部品企業が育っていないというのが現状なのである（「日経産業新聞」、2016年2月9日）。

　また、仮に外資系自動車企業がベトナムでの現地生産に前向きであっても、工場建設の手続きが複雑で、政府認可の遅延などの問題が発生している。故に、政府が自動車政策の根本的転換に本腰を入れない限り、将来のベトナム自動車産業は危機に直面すると言える。

　そして、既にベトナム自動車産業は危機に直面しつつある。その危機とは、「AEC2018」によれば、2018年にはベトナムも例外なく域内輸入関税を撤廃しなければならない。従って、最悪の場合、ベトナムでの新車需要が増えたとしても、現在のフィリピンと同様にタイやインドネシアからの完成車輸入が増加し、結果的に完成車企業がベトナムでの生産拠点閉鎖に追い込まれるという事態も当然あり得るだろう。

　ベトナム政府も「AEC2018」に対応するため、2016年1月から研究開発補助等10年間で総額1兆7,200億ドン（約92億）を裾野産業育成に投じ始めた。そのなかには自動車産業も当然含まれており、ホーチミン市に同国初となる専用工業団地が開設される予定である。とはいえ、育成政策実施における地方と省庁間の連携が課題となっている（「日経産業新聞」，2016年2月9日）。ベトナムに自動車産業が根を下ろすか否かの成否は、国家全体で同政策をいかに実効的に推進できるかにかかっていると言えよう。

カンボジア、ラオス、ミャンマー（CLM 諸国）

　現在のところ、CLM 諸国における自動車産業は発展途上の段階にあると言わざるを得ない。カンボジア、ラオス、ミャンマーの自動車市場を見ると、日本、北米からの中古車輸入販売が主流であり、2012 年にラオスでは中古車販売が禁止されたものの、代わりにタイ及び韓国、日本からの新車輸入が増加してきている。

　CLM 諸国の中で、CKD を含む完成車生産を行える工場を有している国はカンボジアとミャンマーである。前者のカンボジアでは、韓国の現代自動車が地場の KH Motors 及び現地財閥 LYP グループとの合弁で、バンタイプ「H1」の CKD 生産をタイ国境近くのコッコン工業団地で開始した。中国の北京汽車も、カンボジア地場企業と Khmer First Car 社を設立し、プノンペン空港近くで中国製輸入部品を用いた小型トラックの生産を行っている（「L.Y.P.Group」資料，「The Phnom Penh Post」、2011 年 3 月 2 日）。

　一方、インドの動きも注目される。2016 年に、インド工学技師派遣促進諮問委員会 (EEPC) の副委員長であるラビ・セガルはタタ・インターナショナルとバジャージ・オートが軽商用車の工場を開設する予定であったと述べた。インド政府は、外交政策である「アクト・イースト」の一環として、インド企業が中国の部品供給網に割って入ることをめざし、CLMV 地域での工場建設を推奨しているという。具体的には、CLMV 地域で工場を建設する際には政府が 100 万ドルを支援するというものであった（「CAMBODIA BUSINESS PARTNERS」HP，2016 年 2 月 23 日）

　また、日欧米系ではフォードが最初のカンボジア現地進出を果たした。フォードのカンボジア工場はシハヌークビル港工業団地に所在している。同工場は、タイの自動車販売会社である RMA 社が運営し、

SUV車「エベレスト」を生産、使用される部品はタイから調達している。カンボジアにおける外資系自動車企業の位置づけをまとめるならば、新興国のなかでは大国の中国とインドが競争を繰り広げる中、先進国企業ではフォードが現地進出に先鞭をつけたといえるだろう（「RMA Cambodia」HP）。

　後者のミャンマーでは中国の奇瑞がリバッジモデルとしてミニカー「ミャンマーミニ」を生産、同じく中国の中興汽車が政府工業省系企業と共同でピックアップトラックの生産を行ってきた。また、地場企業のSuper Seven Star社は中国から技術供与を受け商用バンのCKD生産を行っている。日系のスズキは、軍事政権下の1998年から小型トラック「キャリー」や小型ワゴン「ワゴンR」の生産を行ってきた。2010年にミャンマー国内の政情不安や販売低迷の影響もあり一時的に生産を中止していたが、民主化後の2013年5月に「キャリー」の現地生産を再開した（「スズキ」HP, 2013年2月6日）。

　また、スズキだけでなく日産もミャンマーに積極的に、進出している。2013年には自動車販売を開始、2016年2月時点において「エクストレイル」SUV、「アルティマ」セダン、ピックアップトラックの「ナヴァラ」、商用バンの「NV350アーバン」、マイクロバスの「シビリアン」を販売している。さらに、2016年は日産のミャンマー戦略にとって転換点の年となりそうで、タンチョンモーターグループと共同で、同社の施設に車両生産ラインを新設、小型セダン「サニー」の生産を開始した（「日産HP」, 2016年2月17日）。

　また、ミャンマーにおける明るい兆しと考えられるのが内紛の終結である。60年以上にわたったミャンマー国軍とカレン民族同盟との紛争は、2015年10月にはカレン民族同盟を含む8つの武装勢力とミャンマー国軍との間で停戦合意が締結されたことで終止符が打たれた。紛争が終結したばかりであり、状況は依然として予断を許さないが、例

えばミャンマー国軍とカレン民族同盟が干戈を交えたカレン州では、停戦合意が締結された 2012 年の翌年 2013 年から同州パアンに BAJ（Bridge Asia Japan）パアン技術訓練学校が開校された。同校では自動車整備を学ぶ課程も設けられており、近年ミャンマーで急増している EFI（Electronic Fuel Injection 電子制御燃料噴射装置）化されたエンジンを積んだ自動車を修理できる人材も輩出している（「認定 NPO 法人 Bridge Asia JapanHP、2016 年 1 月 7 日）。

最後に、ラオスであるが、同国の自動車販売台数は年間 5,000 台に過ぎない。敬虔な仏教国という日本でのイメージから連想されるように、ラオスの実態は近代化の流れからは程遠く、モータリゼーションは緒に就いたばかりである。（鈴木，2013）

一方で、部品産業においては、労働集約型自動車部品の生産をタイやインドネシアから CLM 諸国に移管させる動きも出てきている。特に 2013 年以降はタイ、インドネシアでの賃金高騰にともない、労働集約工程をラオス、カンボジア、ミャンマーに移転する「タイ・プラス・ワン」政策が徐々に進行し始めているのである。

3　AEC 問題とアセアン自動車産業

3-1　アセアンにおける自由貿易体制確立

1967 年にタイ、インドネシア、マレーシア、シンガポール及びフィリピンの 5 ヵ国によって創設されたアセアンは、当初東南アジア地域の平和と安定を目指すという政治的な意味合いの深い地域協力機構であったが、加盟国が東南アジア全体に広がるにつれて次第に経済分野における協力も進められていった。特にアセアンが経済において力を入れた分野は、アジア地域で唯一の高度な自由貿易体制を確立させる事で

あった。このためアセアンは1993年にアセアン先進加盟国6ヵ国（タイ、インドネシア、マレーシア、シンガポール、フィリピン及びブルネイ）で、域内の関税を5％以下に下げることを目標にしたAFTA（ASEAN Free Trade Area アセアン自由貿易地域）を構築し、途中から上記6ヵ国は一部の品目を除いて、2010年までに域内関税を撤廃するという野心的な行動に出た。その後、1995年にベトナムが、1997年にラオス、ミャンマーが、1999年にカンボジアがアセアンに加わると、これらの国々はアセアン後発加盟国であることから、関税撤廃の猶予が認められた。だが、アセアン後発加盟国においても、2015年までに一部例外品目を除いた関税撤廃が、2018年には一切の例外品目が認められない完全な貿易自由化が求められている（平塚, 2015）。

　以上のように、アセアンの本格的な貿易自由化への布石は1990年代前半から始められたと思われがちである。しかし実際には、AFTAが構築される以前の1988年には日本の三菱自動車が提案し、アセアン域内で生産した自動車部品に対する関税削減を目指した「BBCスキーム」（ブランド別自動車部品相互補完流通計画）が、また、AFTA確立前の1996年にはBBCスキームの発展型と言える「AICOスキーム」（アセアン産業協力計画）が用いられるようになっていた。つまり、アセアンの自動車・部品産業においては、1980年代後半から自由貿易体制を利用した域内分業体制が構築されてきたと言えるだろう。

3-2　アセアン経済共同体（AEC）問題

　2003年にアセアンは、政治・経済分野から社会・文化分野までを含む幅広い領域において、更なる統合を図るべく、2020年までに「アセアン政治・安全保障共同体」「アセアン経済共同体」「アセアン社会・文化共同体」の3つの共同体創設を決定した。その後2007年にアセアン

各国は各共同体の創設目標を 2015 年に前倒しすることに同意し、「アセアン共同体」の誕生が短縮された。これら 3 共同体の中で、アセアンの発展に最も必要且つ重要な役割を果たすと思われるのが AEC である。

AEC は(i)市場統合、(ii)共通政策、(iii)格差是正、(iv)アセアン域外との FTA 締結を目指しており、特に(i)の市場統合においては、AFTA の延長線である関税撤廃の他に非関税障壁の撤廃も視野に入れている。これらに並行する形で、アセアンは 2015 年の AEC 創設に向け、2007 年にブループリント（工程表）を採択し、アセアンが単一市場、生産基地となることを目指すと表明した。この中では(i)モノの移動自由化、つまりは関税がゼロの状態に近くなること、(ii)サービスの自由化、(iii)資本・投資の自由化、(iv)熟練労働者の移動自由化といった 4 本の柱が存在している。

(i)モノの移動自由化については、アセアンが 20 年以上に渡って真剣に取り組み続けた課題であることから、順調に目標を達成しつつある。その一方で、(ii)サービス、(iii)資本・投資、(iv)人の移動に関しては、各アセアン加盟諸国にとってもセンシティブな問題が絡み合っており、現段階では 2015 年の一律自由化は難しいと考えられる。ブループリントの中で自動車産業は優先統合分野として明記されており、将来アセアン域内で自動車の技術構造、環境性能や安全性能に関する統一規格が設けられると期待されている（詳しくは西村、2012，清水，2013，2015 を参照）。

そして、自動車産業分野において AEC 創設に対する関心が最も高い事柄が、上記(i)の関税撤廃である。既に、アセアン先進加盟 6 ヵ国間では自動車・部品の交易に課せられる関税は既に撤廃されており、それほど大きな問題とならない。その一方で、2018 年は、アセアン後発加盟国である CLMV（カンボジア、ラオス、ミャンマー、ベトナム）諸国にとって、自動車を含むネガティブリスト掲載品の関税撤廃が行われ、アセアン全加盟国間で基本的に関税がゼロになる予定なのである。つま

り、これまで以上に完成車と部品の輸出入が自由になる為、ベトナムのように、現状では自動車組立工場が存在し完成車生産が行われている場所でも、2018年以降はタイ、インドネシア等の特定国に生産が集中し、そこから関税が掛からない自動車がアセアン内に輸入されれば、ベトナムの完成車企業は車種を絞って、現地組立を維持する以外に方法はないと考えられる。

　反対に、ワイヤーハーネス等の労働集約型部品の生産が賃金上昇の著しい国で行われなくなり、CLM諸国に生産移管がさらに進んだ場合にはタイやインドネシア、マレーシア等で部品産業の空洞化が生まれることも予想され、アセアン内で新たな部品補完体制の構築が行われることになるかもしれない。

3-3　AECの活用－トヨタIMVを例に－

　トヨタのIMV（革新的国際多目的車）開発は、新興国市場におけるトヨタ車の拡販を目的に2002年に発表されたプロジェクトである。IMVの特徴は、一つのプラットホームを用いてピックアップトラック、SUV及びミニバンを生産する点にあると同時に、生産性向上とコスト削減の面から現地部品調達率を大幅に向上させたことである。

　IMV車は、アセアン（タイ、インドネシア、フィリピン、マレーシア、ベトナム）以外に西アジア（インド、パキスタン）、中南米（アルゼンチン、ベネズエラ）及び南アフリカで生産されている（野村, 2015）。

　以上の地域で生産されているIMV車であるが、特にアセアンがIMVプロジェクトにもたらした功績は非常に大きなものとなっている。それは、同社がアセアンの自由貿易体制を利用したことによって「部品の相互補完」及び「域内工程間分業」体制を徹底的に敷き、アセアン域内に限った部品の輸出入のみならず、インドや南アフリカ等のアセアン域外

図2-1　トヨタのアセアン部品調達システム

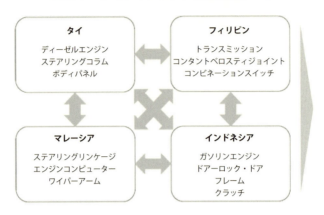

出典：Toyota Motor Asia-Pacific 資料 (2014)。

向け部品の輸出も可能にしたことが大きな理由である。つまり、トヨタが現地調達を大幅に拡大し、多くの部品をタイやインドネシア、マレーシア、フィリピンで生産した後、AFTA もしくはアセアンと特定の国・地域との FTA を利用して、効率的且つ低コストで完成車を輸出できた事が、IMV プロジェクトを成功させたのである（図 2-1 参照）。

　今後はトヨタのような多国籍企業だけでなく、アセアンの地場企業のなかでもこうした AFTA や AEC2015、AEC2018 を活用した車作りが拡大する可能性は大きい。具体的には、マレーシアのタンチョンやベトナム企業のチュンハイの動きはその代表例だろう。1957 年設立のタンチョンは長く日産のディストリビューターとして成長してきたが、1983 年にプロトン社が設立されると急速にそのシェアを落としていった。同社は、マレーシアに 2 工場を有して日産、UD トラックス、富士重、三菱の CKD 生産を行うと同時にベトナムやミャンマーにその生産拠点を作り始めている。ベトナムではダナン近郊に CKD 生産工場をもって日産の小型車「サニー」の生産・販売をおこなっている。ミャンマーで

も日産と合弁で2016年を目途に現地CKD生産の準備を開始した(「Tan Chong Motor Holdings Berhad」HP、「Tan Chong International」HP)。

　また、ベトナム最大の地場自動車企業のチュンハイもCKD生産で急速にベトナムでのシェアを伸ばしつつある。チュンハイの設立は1997年だが、ベトナム各地に事務所やサービス網を広げ、ダナンに生産工場を建設した。ここでは、最終組み立て、作業訓練施設、CKD部品専門埠頭などを有し、韓国の起亜、日本のマツダ、フランスのプジョーのブランド車のCKD生産を行っている。起亜は、2015年に小型車では、ベトナム市場でトヨタを抜いてシェアトップに躍り出た。同工場では、起亜は主要部品をコンテナで韓国から輸送し、専門埠頭で備蓄して生産ラインへ送っている。チュンハイとマツダは、生産・販売会社として「ヴィナマツダ」を設立し、マツダブランド車のCKD生産を開始した。CKD部品は起亜同様に、ほぼ全量日本もしくは中国から輸入している。プジョーは、2013年からベトナムでの生産・販売をチュンハイを通じて行うことを決定し、中型セダンの「408」の生産を開始した(「Truong Hai Auto : THACO」HP)。

　このようにアセアンの地場企業は、AEC2015を活用して、CKD生産を通じて、その市場拡大に努め始めている。アセアンには、サプライチェーンの拡大を活用した新しい自動車つくりの分野が広がりつつなるのである。

3-4　2015年以降のアセアン自動車産業予測

　2015年ないし2018年以降は、先に述べた通りアセアン域内の関税が撤廃される。それに伴い、ワイヤーハーネス、小型モーターや自動車用シートカバー等、「人の手」を必要とする労働集約型部品の生産において、カンボジア、ラオスやミャンマーへの移管が進むと考えられる。

この背景には、タイ、インドネシアでの人件費の急激な上昇や、前者のタイにおける政情不安が理由となり、タイとインドネシアをアセアンの自動車産業の拠点としつつも、一極集中を進めるのではなく、コストに見合った部品を生産方法に適した国で行う事によって、コスト削減と一極集中リスクの回避を狙った「タイ、インドネシア＋1」の動きが存在する。

　具体的な動きとしては、日系大手ワイヤーハーネス製造会社矢崎や日系大手内装品製造会社のトヨタ紡織は、組み立て前の部品をタイから輸入し、カンボジア、ラオスの工場で組み立てを行った後、再びタイに輸出する形態の生産を行っている。従って、工場の所在地はタイとの国境に近い工業団地で、そこを拠点に生産を行っている（「トヨタ紡織」HP、2014年5月19日）。

　また、アジア最後のフロンティアと称されるミャンマーに進出した大手自動車部品企業の子会社、アスモ社はヤンゴン郊外に工場を開設し、一部の生産をインドネシアから移管し、ミャンマーからインドネシア、タイへ輸出する見込みである（「アスモ」HP、2013年10月2日）。

　しかし、CLM諸国への進出に際しては、多くの課題も存在している。特に深刻な問題は、インフラの未整備や人材教育の難しさである。前者のインフラの整備については、カンボジアとミャンマーで深刻で、工場の操業に欠かすことのできない電力不足が深刻であったり、道路事情が劣悪で輸送手段の確保が難しいなどの課題に直面している。後者の人材育成については、カンボジアにおける識字率、高等学校への進学率の低さから、単純な業務内容を伝えるにも困難が生じているなどといったケースも報告されている。ラオスにおいては、電力が豊富で言語もタイ語と似ていることから、人材教育は比較的行いやすいものの、職場の定着率が低いことがネックとなっている。

おわりに

　2015年以降アセアン各国は、CLMV諸国を組み込む形で、大きく変わろうとしている。2015年を迎えるに当たって現在最も激動の渦中にあるのは、CLMV諸国であろう。これらの国々は、タイのサテライト生産基地に転換していく可能性が無いわけではないが、ベトナム、ミャンマーのように独立した自動車生産基地へと進む可能性を秘めた国が出現していることも事実である。今後の推移が見逃せないアセアン地域である。

第2節　インド自動車・部品産業の現状と課題

はじめに

　インド自動車・部品産業の現状と問題点を明らかにすることが本節の課題である。2000年代初頭から中国と並びBRICsの一角を占めるといわれた新興国インドとその成長を牽引した自動車・部品産業が、2014年時点でいかなる姿をとっているか。順調に成長してきたインド経済も、2010年をピークにインフレと高金利、高ガソリン価格の影響を受けて成長率を減じて国内経済が低迷し、自動車販売もそれと連動して落ち込みを見せていたが、2014年以降回復基調に転じている。本節では、その現状を把握すると同時に、インド自動車・部品産業が抱えている問題点を摘出してみることとしたい。

1　インド自動車産業概況

　近年のインド自動車産業の生産動向を見ておくこととしよう。インド自動車生産は2009年248.4万台、2010年318.6万台、2011年には342.7万台そして2012年に乗用車・商用車合計で約347.9万台（表2-3参照）で、中国、アメリカ、日本、ドイツ、韓国に次いで世界第6位の規模を有している。この上げ潮にのって、インドの地場企業であるタタ社は超小型廉価車「ナノ」を売り出して一気にそのシェアの拡大を狙ったのだが、必ずしも当初の想定どおりの成果をあげることが出来な

表 2-3　インド自動車生産動向（含 3 輪車、2 輪車）（台）

	2007 年	2008 年	2009 年	2010 年	2011 年	2012 年	2013 年	2014 年
乗用車	1,549,882	1,552,703	1,951,333	2,501,542	2,618,072	2,686,429	2,503,509	2,601,111
商用車	490,494	384,194	532,721	684,905	809,532	793,150	632,851	614,961
三輪車	364,781	349,727	440,392	526,024	513,251	538,291	480,085	531,927
二輪車	7,249,278	7,437,619	9,370,951	11,768,910	13,435,769	13,797,748	14,806,778	16,004,581
計	9,654,435	9,724,243	12,295,397	15,481,381	17,376,624	17,815,618	18,423,223	19,752,580

出典：SIAM（Society of Indian Automobile Manufactures）より作成。

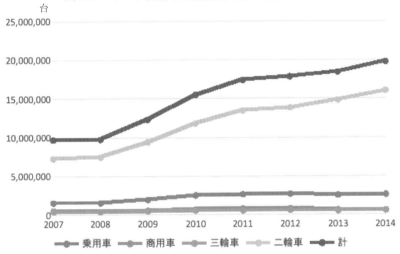

図 2-2　インド自動車生産動向（含 3 輪車、2 輪車）

出典：SIAM（2013-14）より作成。

いままに現在に至っている。このタタ社の「ナノ」生産販売戦略の失敗が 2013 年のインド自動車事情を明確に物語っている。まずは 2013 年は、インドの自動車生産台数は 313.6 万台で、前年比で 9.9％減を記録したことである。2014 年も 321.6 万台にとどまった（表 2-3、図 2-2 参照）。伸びると予想されていたインド市場は、金利の上昇とインフレの進行の中で景気停滞が顕在化し、自動車販売が低迷し、これと連動して生産が落ち込んだことが大きかった。乗用車の販売も 2014 年は 322

表2-4 インド自動車販売動向(含3輪車、2輪車)(台)

	2001年	2002年	2003年	2004年	2005年	2007年	2008年	2009年	2010年	2011年	2012年	2013年	2014年
乗用車	564,052	608,851	842,437	960,505	1,045,881	1,777,583	1,838,593	2,357,411	2,982,772	3,146,069	3,233,561	3,087,973	3,220,172
商用車	268,175	318,176	421,327	599,182	654,110	549,006	416,870	567,556	760,735	929,136	831,744	699,035	697,083
三輪車	212,748	276,719	340,729	374,414	434,424	500,660	497,020	619,194	799,553	879,289	839,742	830,108	949,021
二輪車	4,271,327	5,076,221	5,624,950	6,526,547	7,600,801	8,026,681	8,419,792	10,512,903	13,349,349	15,427,532	15,721,180	16,883,049	18,499,970
計	5,316,302	6,279,967	7,229,443	8,460,648	9,735,216	10,853,930	11,172,275	14,057,064	17,892,409	20,382,026	20,626,227	21,500,165	23,366,246

出典:SIAM(2013-14)より作成。

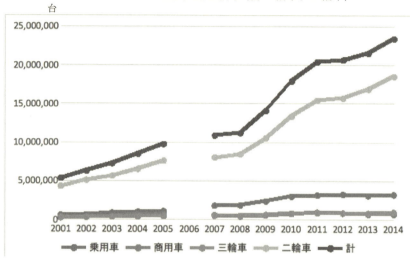

図2-3 インド自動車販売動向(含3輪車、2輪車)

出典:SIAM(2013-14)より作成。

万台で微増にとどまった(表2-4、図2-3参照)。

　図2-4にみるようにインド市場では、伝統的にマルチ・スズキが圧倒的シェアを有しているが、2014年でもその傾向は変わらず、全体の38%で、前年比0.9%減で堅調さを保持した。マルチ・スズキは2011年には東日本大震災やその後のストライキの影響で生産は大きく落ち込んだが、2013年にはその遅れを克服して2012年と同じ水準に持ち込むことに成功し、さらに2014年以降販売を伸ばした。

　第2位のタタは15%、第3位の現代は14%のシェアを保持した。

　日系ではホンダ、トヨタ、日産がマルチ・スズキに次ぐシェアを有し

図2-4 インド乗用車販売のメーカー別シェア（2014年）

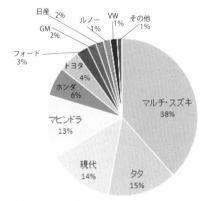

出典：SIAM（2013-14）より作成。

ている。3社共に、それぞれ6％、4％、2％とインド市場での生産シェアはさほど大きいものではない。ホンダは小型車「フィット」（現地車名「ジャズ」）を米国に続いてインドに投入する一方で、60万ルピー（約100万円）台の価格帯をもつ「アメイズ」も投入、日産も新興国専用の「ダットサン」をインドに投入、また日産とライアンスを組むルノーもSUV車の「ダスター」（70万ルピー）をインド市場に投入した。

この間、もっとも生産を減退させたのは「ナノ」で世界の話題をさらったタタ社であった。同社は2011年の89万台をピークに2012、2013両年生産を減少させ、2013年には前年比28.1％減の62万台にとどまり、ピーク時の2011年の30.2％減を記録したのである。

この間、トヨタもタタほどではないにしても、生産を減らし前年比で9.5％減の17万台にとどまった。鳴り物入りで売り出した「エティオス」の販売がいまひとつだったのである。トヨタは、不振からの巻き返しを図り「エティオスクロス」を2014年のデリー郊外での「オートエキスポ」で公開し、攻勢を開始した（「レスポンス」，2014年2月7日）。

この間の一連の生産動向は何を物語るか。一言で言えば、インド市場

第2章　アセアン・インドの自動車・部品産業　**121**

図2-5 インドメーカー別自動車生産台数（2008-2013）（台）

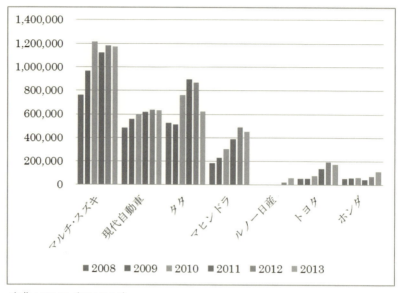

出典：SIAM（2013-14）。

の大きな変化である。目の肥えたユーザーが増加し、「安ければいい」といった消費者に代わりデザインや性能の良い車を好む購買者が増加を開始したのである。この傾向を先取りしたホンダや日産は急速に売り上げを伸ばし、逆にタタは急速にその比重を低めたのである。価格一辺倒だったタタ社の「ナノ」に象徴される車作りは「失速」（「日本経済新聞」，2014年3月11日）状況に陥ったのである。

2　インド自動車企業概況

次にインド自動車各社企業の動向を見ておくこととしよう。ここでは、インド自動車市場でトップの座を占めるマルチ・スズキと第2位

の現代自動車、そして急速に後退したタタ、伸び悩むトヨタの4社に焦点を当てて見ておくこととしよう。

2-1　マルチ・スズキ

　マルチ・スズキは、インドの自動車生産・販売では第1位の位置を占めている。2010年に121万台で頂点を迎えたあと2011年には日本の東日本大震災の影響もあって112万台に落ち込んだ。しかし、2012年7月に主力工場であるメネサール工場で発生した死傷者多数を出す大規模なストライキもあって工場は約1ヵ月間閉鎖され、これまで主力車「スイフト」を一日当り1,500台から1,700台生産してきた体制が崩壊し、復旧後も日産150台程度に落ち込んだ(「日本経済新聞」, 2012年8月21日)ことを反映して、2012年には118万台にとどまった。スズキは、2013年の在庫調整を経て2014年からはコンパクトハッチバックの「セレリオ」の生産を開始し、生産も127万台に乗せ2017年を目標にグジャラート州に新工場の建設を計画している。スズキの海外戦略としては、インド市場での第1位の位置を保持しつつ、さらに2018年までには関税がゼロとなるASEAN市場でのマーケットシェアの拡大を狙ってタイ工場での増産とインドネシア新工場の立ち上げを計画している。

2-2　現代自動車

　インド市場で第2位の位置にある現代・起亜はいかなる状況であったか。現代自動車は国内販売では大きく減少させたが、その分輸出を増加させることで、2013年は、全体の減少を前年比で1%弱にとどめた。現代自動車の世界戦略では、インド工場はインド市場だけでなく欧州や

東南アジア向けの輸出基地としての位置づけも有しており、2013年の生産台数68万台のうち国内販売は38万台であり、残りの30万台は輸出であった。増加を続けるASEANのマーケットの拡大が現代の生産減に歯止めをかける結果となった。しかし2014年は生産は60万台に減少した。販売は41万台と微増したが、逆に輸出は20万台へと大幅減少を記録した。

2-3 タタ

　タタの減少は顕著であった。前年比で2013年度は生産で28％減、販売で30％減を記録した結果、乗用車部門に限れば、タタは、これまでのマルチ・スズキ、現代自動車に続く第3位の位置から大きく後退し、逆にマヒンドラ・マヒンドラがその位置を取り始めた（図2-5参照）。「マルチスズキ、現代自、タタ自の3強の構図は変わった」（「日本経済新聞」、2014年3月11日）と称されるゆえんである。それほどタタにとって「ナノ」の不振は大きかった。2013年度は前年度と比較して68％と半分以下に落ち込んだからである。西部のグジャラート州でのナノ専用工場の損益分岐点は年産25万台（月2万台強）であったが、実際の販売台数は月1万台を割る状況だったという（「日本経済新聞」、2012年6月25日）。

　販売開始前にタタ社の「ナノ」は自動車産業を大きく変える可能性があると予想されたが、事態はそう進行していない。「ナノ」の低価格戦略は成功しなかった。新興国の顧客は低価格車を歓迎しなかったのである。「ナノ」を生産している工場の年産能力は35万台だが、実の販売台数は少ない（表2-5）。

　4年間でタタの「ナノ」は合計23万台しか売れなかったが、それは工場の年産能力以下の数値だった。また、タタは「ナノ」の売価10万

ルピーを14万ルピーに値上げしたが事態は好転していない。「ナノ」は不成功だったため、タタはそれまで民族企業ではインド一の実績を持っていたが、マヒンドラ・マヒンドラやスズキ以外の外資メーカーにシェアを奪われて苦境に落ちている。

表2-5 販売台数（台）

年度	販売台数
2009	30,350
2010	70,432
2011	74,527
2012	53,848

出典：Indian Express (2012.4.26)；Business Week (2013.4.11)；Hindustan Times, (2013.5.5)

2-4 トヨタ

では、トヨタはこの間いかなる動きを示したか。トヨタはインド市場でのシェア拡大を狙って「エティオス」の生産・販売を開始した。トヨタは2010年に「エティオス」専門工場として第二工場を立ち上げ、8万台生産からスタートした。その後「エティオス・リーバ」の生産を加え、2012年には「カローラアルティス」を1999年から稼動してきた第一工場から生産移管を受け、その生産を一気に21万台まで押し上げた。

しかし、鳴り物入りで宣伝された主力車でインド市場仕様に開発された「エティオス」が販売市場では伸びず2011年の6万台から12年に4万台、13年に3万台、14年に2万台へと低迷を続けた結果、それがそのままトヨタのインドでの伸び悩みに繋がることとなったのである。伸び悩む一つの原因としては、他社の車種と比較して割高であることがある。「エティオス」が約80万円であるのに対して、日産（「ダットサン」）、ホンダ（「ブリオ」）、フォード（「フィーゴ」）がいずれも60万円台、現代（「イオン」）が40万円、スズキ（「アルト」）に至っては35万円と「エ

ティオス」の半額以下なのである（「朝日新聞」, 2012年5月24日）。

　「エティオス」モデルが成功だったか失敗だったかを判断することは難しい。たしかに2011年にはマルチ・スズキの「スイフト・ディザイア」とタタの「インディゴ」に続いて「エティオス」はインド市場で三番目に人気がある小形セダン（販売台数：6万台）になった。「エティオス」販売開始直後にトヨタのインド販売台数は7万台から14万台へとおおよそ2倍に増加し、その結果、「エティオス」はトヨタのインド市場での地位を向上させるのに寄与したからである。

　しかしハッチバック車の「エティオス・リーバ」は2012年3万台、13年に2万台へと減少し、販売はさほど振るわない。インド市場では小形ハッチバック車は一番人気のセグメントなので競争が激しいことが大きな原因である。したがってトヨタにとって、「エティオス・リーバ」の生産・販売面での貢献度は低いと言わざるを得ない。今後トヨタは、小型車の開発・生産ノウハウが高いダイハツの子会社を活用していくと考えられる（「トヨタ」HP, 2016年1月29日）ので、トヨタは自社で低価格車を作らずに、高価格車に特化した戦略をとっている。

　したがって、トヨタの現調率は高くはない。インドネシア市場でのダイハツとトヨタの共同開発（ダイハツの「アイラ」とトヨタの「アギア」）はインドでも展開可能な戦略であるはずである。その結果、「エティオス」がインドで成功しても、トヨタが期待したほど大きいものではない。

　ブラジルでも「エティオス」の評価は様々である。2012年と比較すると、2013年の販売台数は75％増加した。しかし、シボレーの「オニクス」や現代の「HB20」に比べれば、「エティオス」の販売台数はまだ少ない（The Wall Street Journal日本版, 2013年8月27日）。2014年、トヨタのソロカバ工場の稼働率を向上させるためにトヨタはブラジルからパラグアイとウルグアイに輸出を開始した。

　一般的にいえば、「エティオス」はトヨタの新興国市場での地位を向

上させたが、他社との比較で見ればその差を埋めるまでにはいたっていない。当モデルは販売台数を向上させが、別の完成車メーカーに比べれば、その市場シェアはまだ少ない。しかし、「エティオス」はトヨタの新興国市場向け乗用車の最初のモデルだから、トヨタの新しい第一歩として評価できる動きである。

2-5　ルノー・日産

ルノー・日産はこの間生産と販売を拡大させた。新興国市場戦略車として、2010年ごろからトヨタが「エティオス」を、ホンダが「ブリオ」を投入したのに対し、日産は「マイクラ」を投入して競争してきた。しかし2014年の市場シェアは図2-4の通り、1.3％に過ぎない。そこで、2014年7月投入する予定であった低価格車「GO」を前倒しでインド市場に投入したのである。「GO」は低価格車であるダットサンブランドの初モデルである。インドでの販売価格はミドルクラスが40万ルピー、ロークラスが24万ルピーで、チェンナイのオラガダム工場で生産し、南アフリカにも輸出する。「ダットサン」ブランドは2014年3月のインド市場への投入を皮切りに、ロシア、インドネシア、南アフリカにも相次いで投入されたのである（「日産自動車」HP, 2015年10月29日）。

2-6　ホンダ

インド2輪車市場では50％以上のシェアを占め、トップの座を維持しているホンダだが、4輪車市場では、すでにみたように低シェアで苦しんでいる。こうした低迷を打破するために2011年に小型戦略車の「ブリオ」をインド市場に投入した。2009年に投入した「フィット」よりは小さな車体だが、室内は広めの感覚が出るよう設計されている。2輪

車事業で築いた現地部品供給網を活用し、日本製より 20 ～ 30％価格の安い鋼板を使用し、日系以外の部品メーカーからも調達を実施し、完成車はインド以外の東南アジア地域での販売も計画しているという。2013 年には「ブリオ」のセダンとしてディーゼル車の「ブリオ・アメイズ」を投入した(「インド新聞」，2013 年 4 月 13 日)。

3　インド自動車部品企業概況

　まずインド部品企業を概観しておこう。地域分布を見れば、大きくタタの工場があるコルカタを中心とした東部、GM やマヒンドラ・マヒンドラが操業するムンバイ、プネーを中心とした西部、ホンダ、マルチ・スズキが拠点を構えるデリーを中心とした北部、トヨタ、現代自、日産が活動するチェンナイ、バンガロールを中心にした南部に部品集積が見られる。総計 651 社の地域的内訳は図 2-6 に見る通りである。

　インド部品産業の売上高は 2008 年から 2009 年にかけてはリーマン・ショックの影響で大幅な落ち込みを見せたが 2010 年から 2011 年にかけては大幅な増加を遂げて 301 億ドルから 393 億ドルまで急上昇した(図 2-7 参照)。製品別に見てみるとエンジンパーツなど基幹部品が製品の三割近くを占めているが、電装関連品は一割以下で、全体として技術水準はこれからである(図 2-8 参照)。

　部品輸出は必ずしも活発ではない。売り上げ動向とほぼ同じ傾向をたどるかたちで 2008 年から 2010 年にかけて 40 億ドルから 34 億ドルへと減少したが、2010 年から 11 年にかけて 52 億ドルへと成長した(図 2-9 参照)。輸出入先は、アジア、北米、欧州がそれぞれ全体の四分の一づつで、OEM 生産が全体の 80％を、アフターマーケットが 20％を占めていた(図 2-10 参照)。OEM であれ、アフターマーケットであれ、その主要な部品企業を見た場合、ボッシュやコンチネンタルといった

図2-6　インド自動車部品企業分布

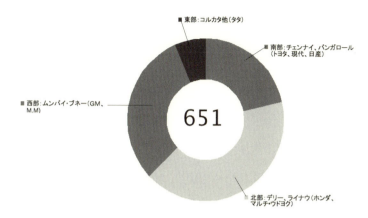

出典：ACMA(Automotive Component Manufactures Association of India)(2014)。

図2-7　2007-2011 インド売上高および成長見込み（%）

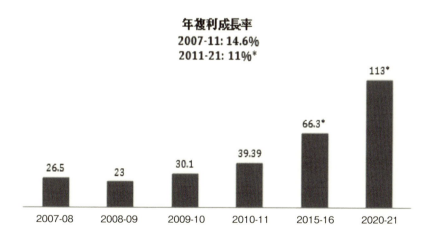

＊は推計値である。
出典：ACMA（2014）。

図2-8　インド部品企業の生産（2014年）

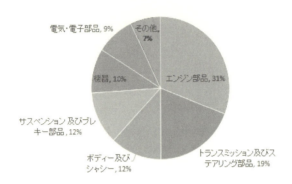

出典：ACMA（2014）。

図2-9　自動車部品産業輸出収益（％）

＊は推計値である。
出典：ACMA（2014）。

図2-10　インド部品メーカー主な輸出入先

部品輸入

	シェア（2014年）	部品輸入（百万ドル）	
		2013年	2014年
中国	23.94%	2671	3170
ドイツ	14.57%	1929	1979
日本	11.53%	1593	1566
韓国	10.66%	1527	1448
タイ	8.27%	941	1123
アメリカ	6.96%	821	945
イタリア	3.75%	483	510
イギリス	2.67%	293	363
フランス	2.01%	315	273
スペイン	1.40%	276	191

部品輸出

	シェア（2014年）	部品輸出（百万ドル）	
		2013年	2014年
アメリカ	22.35%	2100	2508
ドイツ	7.51%	831	843
トルコ	6.49%	525	728
イギリス	5.43%	627	610
イタリア	4.79%	499	537
タイ	3.38%	344	379
ブラジル	3.37%	412	379
中国	3.07%	314	344
アラブ首長国	2.95%	288	331
フランス	2.92%	337	327

出典：ACMA（2014）。

欧州有名部品企業、デルファイを筆頭とする米系部品企業そしてデンソー、現代モビスといった日韓トップ部品企業が名を連ねていた。

4　インド自動車部品企業の動向

では、次にインドの自動車部品企業の動向をみてみることとしよう。

4-1　トヨタ・キルロスカ・オートパーツ

まずトヨタとインド企業の合弁部品企業のトヨタ・キルロスカ・オートパーツ（以下、TKAPと省略）を取り上げよう。この会社の設立は1992年で資本金は6,000万ルピーで従業員は約950名である（TKAPのHPより）。トヨタグループ（トヨタ、豊田自動織機）とキルロスカの合弁で、9対1でトヨタがマジョリティを持った企業である。エンジン・足回り部品を生産しており、インド南部のビバティのトヨタ組み立

て工場の近くに50エーカーの敷地をもつ工場を有し、インドにおけるトヨタの主要Tier1企業の一つとなっている。この会社は、トヨタが新興国モデルとしてインド市場に投入した「エティオス」のエンジンやトランスミッションの供給も担当している（「レスポンス」，2013年3月1日）。

4-2　デンソー

　日系部品メーカーでトヨタの「エティオス」にエアコン、ラジエターなどを供給しているのがバンガロールに拠点を構えるデンソーキルロスカ（以下DKと省略）である。デンソーはデリー近郊とバンガロールに合計3社の生産工場をもつ。1986年に設立されスズキにオルタネーターを供給するデンソーインディアと1999年に設立されスズキに電子製品を供給するデンソーハリアナ、そしてトヨタのバンガロール工場にエアコン、ラジエターを供給するDKである。DKの従業員は770名で、デンソーとキルロスカ両社の合弁企業で、デンソーが89％の株を保有するデンソーマジョリティの工場である。生産品はエアコンとラジエターの2製品で、エアコン三分の二、ラジエター三分の一の生産比率である。

　DKは、インドでの部品調達率を大幅に上げて2010年に熱交換器の大幅値下げに成功した（「インド新聞」，2011年3月1日）。インドの環境やニーズを考慮し、現地部品の調達を前提に開発を進めたのである。こうした努力が、トヨタ製の「エティオス」の低価格化の鍵をなしていたといえよう。

4-3　カルソニック・カンセイ

　カルソニック・カンセイは日産を主な取引相手とする会社で主にコッ

クピットモジュール、排気機構に関する部品を生産している。カルソニック・カンセイはラジエター生産関連の会社とメーターなど電装関連の会社が 2000 年に合併して設立された会社であったことから、生産拠点数は多く、海外拠点数も全世界 53 工場、17 ヵ国に及ぶ。インドでのデリー工場の立ち上げは 2009 年であるが、これは CK 社のなかでは一番遅いケースである。CK のインドでの拠点は北部デリーと 2010 年に立ち上げた南部チェンナイ工場の 2 ヵ所である。北部のデリーは、主にスズキ向けに、南のチェンナイは日産向けにエアコン、インストルメントパネル、スピードメーター、コンプレッサーを生産している。大半の部品はタイから輸入してインドでは最終チェックを実施している。ただし、カーエアコン用コンプレッサーのようにインドで主に生産されるようになった部品もある（「カルソニック・カンセイ」HP、2014 年 9 月 30 日）。

　日産は、インド立ち上げに際し「マイクラ」の現地生産をチェンナイで 2010 年 5 月から開始している。85％の部品を現地企業から調達しているのである（「日産」HP、2010 年 5 月 24 日）。

4-4　Rane Group

　最後にエンジンバルブやパワステアリングを生産するインドのローカル企業の Rane Group を紹介することとしよう。Rane Group は、この分野では高いシェアを誇る会社で、エンジンバルブでは、インド市場の 85％を押さえている。納入先を見れば、インドの現代自動車、マツダ、マルチ・スズキ、トヨタなどの主要企業は Rane 社からのエンジンバルブ供給を受けている。技術的にはアライアンスを組む TRW や NSK、日清紡などから技術支援を受けながら、その技術的向上を行っている。

　具体的には油圧パワステアリングに関しては TRW から、ブレーキ関連については日清紡から、電動パワステアリングに関しては NSK か

らそれぞれ技術支援を受けてその向上に勤めているというのが現状である。そのため現在 Rane Group は毎年その収益の 0.5％から 1.5％を R&D に支出している。この結果であるが、2012 年現在での Rane Group の売上比率は全体の 23％がステアリングやサスペンション関連、22％は電動パワーステアリング、21％が油圧パワーステアリングで、これだけで Rane Group の売上の半分以上の 66％を占めているのである。

　Rane Group は輸出も始めており、ドイツの VW、アウディにエンジンバルブを、タイと台湾のヤマハにバルブを、ステアリングを NSK 経由でメキシコの日産に供給を始めている。しかし、輸出は今後の課題で、現状ではインド内の企業への部品供給にとどまっているのが現状である（Agustin, Schroeder, 2014）。

おわりに

　インド自動車産業の現状と課題を検討した。2014 年に入りインフレの進行による景気の後退や自動車販売台数の落ち込みなど、暗い景気見通し材料がインド経済を覆っているが、ポテンシャリティという意味では、依然として将来性に富んだ内容を具備している。とりわけその人口増加と需要の拡大の可能性は、この市場の将来に無限の可能性を提供してくれている。一次的落ち込みはあろうが、長期展望を見た時には、大きな可能性がこの市場には占められている。そうした意味で、インド内需には大きな可能性があるが、他方で世界市場への輸出の可能性もないわけではない。しかし、この点では Rane 社の事例を紹介したように、今後の技術向上如何がその可能性の将来を占うカギを提供してくれているように思われてならない。

第3章

ロシア、トルコ、中東地区の自動車・部品産業

第1節　ロシアの自動車部品産業の現状と課題

はじめに

「北方のサウジアラビア」とも称されるロシアは、石油や天然ガスに代表される資源大国としてその名が知られているが、自動車産業の発展はこれからの課題である。かつてのソビエト時代において自動車産業は、軍事産業の一環として重要な位置を占めていた。しかし、ソビエト連邦が崩壊し、開放経済体制に移行するとロシア自動車産業は旧式設備と生産性の低さから海外自動車企業の後塵を拝して苦境に陥り、外資系企業の協力を得ながら設備近代化と生産性向上を目標とする急速な再編成期に入っていった。本節では、こうしたロシア自動車産業の現状と当面する課題を明らかにすることとしたい。

1　ロシア自動車産業の足跡

ロシア自動車産業は、1917年のロシア革命後のソビエト時代にその端を発する。そして1930年代には社会主義工業化の中でドイツとアメリカの技術援助を受けながら主にトラック生産を中心に社会主義計画経済という特殊な環境下で軍需部門の一環としての自動車生産が行われてきた。したがって、ソ連で乗用車生産が本格化するのは平和共存が顕在化した1960年代以降のことであった。それ以前は主にドイツの技術に依拠した乗用車生産が主流であったが、1960年代以降になるとイタリ

アのフィアット社の技術を導入した乗用車の大量生産に乗り出しはじめた。ボルガ川沿岸のトリヤッチ市の自動車工場はフィアット社の工場をモデルに設計された。

　1991年ソ連崩壊後、中央計画経済から一気に市場経済へ移行した。

　そして、エネルギー、軍事工業、重工業を中心に民営化が行われる一方で、改革後も一部の企業はロシア政府国有企業や大手財閥に組み入れられた。自動車産業もその例外ではなく、アフトワズ（AvtoVAZ）を頂点とするロシア自動車メーカーも民営化された。

　1990年代に入ると外資系自動車企業のロシア進出が積極化した。1997年のルノー、韓国・現代自動車の進出を契機に2000年代に入るとGM（2001年）、フォード（2002年）、起亜（2003年）、双龍（2005年）、トヨタ（2007年）、日産（2009年）が進出した。そして2012年にアフトワズ・ルノー・日産連合が成立し、この3社連合が一挙にロシア最大の生産メーカーに躍り出たのである。

　一方、部品産業に関しては、軍需産業としての性格を強く持って成長してきた歴史を反映して、内製化率が70〜80％と著しく高かった。それゆえに却ってその分部品産業は育ちにくい環境にあった。しかし、外資系自動車企業のロシア進出に伴い、主要部品企業の随伴進出も進み、ロシア部品企業との合弁も進展、ロシア部品企業の技術向上も期待されている。外資系ロシア部品企業としては、エンジン関係のボッシュ、シート関連のレアやジョンソンコントロール、デルファイ、電気部品のTRW、足回り関連のZFなど欧米系企業が多くを占めており、日系部品企業の進出は目立っていない。

2 ロシア自動車産業の現状

2-1 ロシア自動車生産動向

 ロシアの乗用車（普通車）生産動向は、リーマン・ショックで生産が減退した 2009 年を除けば、2012 年まではほぼ順調に伸びてきたといえるだろう。つまり、2008 年の 146.9 万台から 2009 年には一挙に 60% 減の 59.9 万台にまで落ち込んだものの、その後は順当に回復して 2012 年には 197.0 万台まで伸びた。2013 年は 192.8 万台と前年比微減だが、その後は 2014 年 168.3 万台、2015 年 121.5 万台と減少が続いている。他方商用車に関しては、これまたリーマン・ショックの影響が強かった 2009 年の落ち込みを回復できず、2008 年の 32.1 万台をピークに 2011 年から 2015 年まで 20 万台のラインを上下している（図 3-1 参照）。

図 3-1　ロシア自動車生産台数　　　　　（単位：万台）

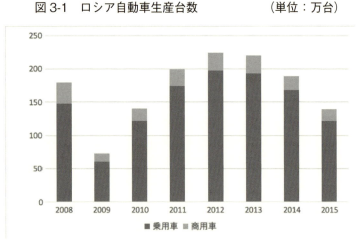

出典：OICA Production Statistics（2015）

2-2 ロシア自動車販売動向

次に自動車販売台数推移を見ておくこととしよう。ここでもリーマン・ショックが起きた 2009 年及びその翌年を除けば、販売台数は 250 万台の大台を超えていた。2005 年以降の販売台数は、中古車輸入が制限されたこともあって激減しているため、国内生産台数の増加と輸入車の増加の結果であると考えられる。したがって販売台数と国内生産台数との差が輸入台数だと考えれば、輸入車台数は 100 万台前後であると考えられる。他方、商用車は、販売台数が生産台数とほぼ一致すると考えられるので、輸入商用車台数は微小であると考えられる。

次にメーカー別の販売台数推移を見てみると表 3-1 の通りである。

表 3-1 企業別自動車販売台数推移 （台）

	2010年	2011年	2012年	2013年	2014年	2015年
ルノー・日産・AvtoVAZ	—	—	—	—	764,235	517,799
AvtoVAZ	522,924	578,387	537,625	456,309	—	—
現代・起亜	191,316	316.320	359,482	379,171	375,322	324,701
ルノー・日産	180,754	300,603	350,681	365,095	—	—
VW	87,253	156,927	319,550	302,933	260,775	164,806
トヨタ	90,166	133,203	167,993	170,580	181,103	118,373
GM	158,567	243,265	288,308	257,583	189,484	67,589
GAZ	76,647	89,773	90,247	82,395	69,388	51,192
ダイムラー	21,847	31,761	41,410	49,623	60,553	50,414
UAZ	49,043	57,148	60,648	51,624	49,844	48,739
フォード	90,296	118,031	130,809	106,734	65,966	38,607
三菱	45,538	74,166	74,294	78,747	80,134	35,909
大宇	74,419	92,778	88,232	60,829	37,254	28,836
マツダ	24,926	39,718	44,443	43,179	50,716	27,358
PSA	53,153	71,944	77,278	62,823	41,177	11,173
スズキ	28,690	35,469	32,684	27,724	19,931	6,540
FCA	21,943	28,254	13,727	13,602	16,575	5,943

出典：AEB（Association of European Businesses）（2016）

まずは、販売台数トップのアフトワズ（AvtoVAZ）が販売台数を下げルノー・日産グループに組み込まれたことである。それとは対照的に外資系企業は急速に販売台数を伸ばしてきていることである。特に顕著なのは、現代・起亜、ルノー日産、VWの3社である。これらは、アフトワズの目減りした分をカバーしながら、なおかつ新規需要を取り込んでその販売台数を急速に伸ばしてきているのである。

　ロシア企業の販売台数減少と外資系企業のそれの増加は、表3-2の車種別販売台数でも知ることができる。シェア第1位を誇るのはロシアの地元企業アフトワズのブランド車「ラーダ」である。「ラーダ・グランタ」「ラーダ・カリーナ」「ラーダ・プリオラ」は何れもその販売台数を減じている。「ラーダ」系列で2014年まで唯一販売台数を伸ばしていたのは、「ラーダ・ラルガス」であった。「ラルガス」は、伝統的なアフトワズの流れとは異なり、2008年以降アフトワズがルノーと提携し

表3-2　販売上位15車種一覧（2015年）（台）

	販売台数	
	2015年	2014年
ラーダ・グランタ	120,182	152,810
現代・ソラーリス（アクセント）	115,868	114,644
起亜・リオ	97,097	93,648
VW・ポロ	45,390	58,953
ルノー・ダスター	43,923	76,138
ルノー・ロガン	41,311	60,434
ラーダ・ラルガス	38,982	65,156
ラーダ・カリーナ	35,869	65,609
ラーダ・4x	35,312	42,932
シボレー・ニーバァ	31,367	43,441
ルノー・サンデロー	30,221	36,849
トヨタ・カムリ	30,136	34,117
ラーダ・プリオラ	28,507	47,818
トヨタ・RAV4	27,102	38,919
日産・アルメーラ	25,977	46,225

出典：Association of European Businesses（2016）

た際、ルノー傘下のルーマニア・ダチアの低価格戦略車「ロガン」をベースにした車種なのである。しかし2015年には大きく販売を減少させた。

3 ロシア自動車企業分析

3-1 生産地域分布

ロシア自動車企業の地域分布で特徴的なことは、主要な生産地がウラル山脈以西、特にサンクトペテルブルグ市とモスクワ市周辺、ボルガ河周辺に集中していることである。具体的には、サンクトペテルブルグ市周辺にはフォード、トヨタ、日産、GM、現代、スカニアが、またモスクワ市周辺にはアフトフラモス（合弁）とジルが操業している。また、ヴォルガ河下流の工業地帯をみると、ニジェゴロド州ではGAZが、ウリヤノウスク州では地場企業のUAZと合弁のソレルス・いすゞ、BAW（北京汽車製造廠）が、ウドムルト共和国では地場企業のアフトワズ傘下のイジアウトが、タタルスタン共和国ではソレルス・フォード、メルセデス・ベンツ、三菱ふそう、地場企業のKAMAZとZMAが、ウリヤノフスク州では地場企業のUAZ、合弁のソレルス・いすゞ、BAWが、サマラ州ではGMアフトワズ、地場企業のアフトワズがそれぞれ操業している。これ以外に黒海周辺のロストフ州では地場企業のTagAZが操業している。このようにロシアの主要な自動車企業は、大半がウラル以西の地域で生産を行っている。ウラル以東は人口も少なく、したがって自動車需要も小さいことからこの地域で自動車を生産・販売をすること自体採算的に厳しいことは言うまでもない。とはいえ、ロシア政府はシベリア開発とも関連してウラジオストック周辺での自動車生産の具体化を進めている（「JETRO」HP，2012）。

3-2 自動車企業各社の動向

アフトワズ(AvtoVAZ)

　ロシア最大の自動車企業として生産・販売台数ともにトップを占めているが、社会主義時代の社風が残り、生産効率が低く、車のデザインも外資系の洗練された車と比較すると魅力に一歩欠ける状態である。2009年のリーマン・ショックでロシアの自動車生産・販売台数は急減したが、その最大の被害企業は、アフトワズであった。リーマン・ショック以降、同社の販売台数は半減し、その結果負債も20億ドルに達したことはその証左であった。ロシア政府は、アフトワズの破産を回避するため、金融支援を通じた救済措置を取ると同時に2012年にはルノー日産グループが同社株式の74.5%を取得することで、同社はルノー・日産グループの一翼に組み込まれた。なお、残りの25.5%の株式は、ロシア政府系企業のロシアン・テクノロジー社が所有している(「日本経済新聞」、2012年12月12日)。このグループ化により、ルノー・日産・アフトワズグループは、トヨタ、VW、GMに次ぐ自動車生産世界第4位の位置を獲得することとなった。

　アフトワズはブランドイメージ向上を目指して、メルセデス・ベンツとボルボのデザインを担当したスティーブ・マッティンをラーダの新モデルデザインの責任者に抜擢した。彼がデザインした最初のコンセプトモデルの「XRAY」が2012年8月のモスクワ国際モーターショーで披露され2016年に市販化が見込まれている(「TASS」HP、2015年4月21日)。今後、いかに洗練されたデザインと性能向上を図れるかに成長の大きなカギがある。

ルノー

　外資系のシェアトップがルノーである。モスクワ市政府と合弁でモスクワに「アフトフラモス」社を設立し生産を開始した。ルノーがロシアで販売している車種は、いずれもルノーが 1998 年にその傘下に収めたルーマニアのダチアが開発した小型低価格車の「ロガン」、および「ロガン」と同じプラットフォームをベースにしたハッチバック車の「サンデロ」、日産・B プラットフォームをベースにした SUV 車の「ダスター」を生産している。いずれもルノーグループの低価格世界戦略車である（Lydia Gordon, 2012）。

VW

　VW のロシアでの主力工場は、モスクワ南西約 170 キロのカルーガ工場である。2007 年に建設された。当初は、CKD 生産が中心だったが、2009 年にはプレス、塗装、組立ラインが完成するに伴い現調率を高めて CBU（Completely Build Up 完成車）生産に切り替えた。2012 年に年産 15 万台のエンジン工場が竣工するに伴い、一貫生産体制が整備された。生産能力は 22 万 5000 台である。ここで生産している車種は、VW の「ゴルフ」をベースにした小型 SUV の「ティグアン」、ハッチバック車「ポロ」、シュコダの B セグメントの小型車「ファビア」である。VW はモスクワから東に 500 キロの地点のニジュゴロド州にも GAZ との合弁工場をもっている。そこでは、VW の「ジェッタ」、シュコダの「オクタビア」、「イエティ」を CKD 生産している（「レスポンス」，2013 年 12 月 3 日）。ロシア市場では VW 傘下のシュコダが重要な役割を演じている。シュコダは、ロシアを成長市場とにらんで、その世界生産台数を 2018 年までに 150 万台まで拡大したいと考えているのである。この 2018 年というのは、VW がトヨタを抜いて世界第 1 位の自動車生産企業になる目標年度でもあった。

GM

　GMはサンクトペテルブルグとカルーガ州、サマラ州トリアッティ市に自社工場及びアフトワズとの合弁工場を持っている。サンクトペテルブルグ工場は、オペルブランド車を中心に生産してきたが、需要低下を受けて2015年に操業を一時的に停止した（「JETRO」HP, 2015年3月23日）。他方サマラのアフトワズとの合弁工場では、アフトワズが「ラーダブランド」で1977年から生産してきたSUV車「ラーダニヴァ」をベースに新しいデザインと内装で2002年以降「シボレーニヴァ」を生産している。同社は、ロシア政府から現調率を高めることを要請されており、ボディ、プレス工程向け投資が実施されている。

トヨタ

　トヨタは2007年12月からサンクトペテルブルグ近郊で「カムリ」の生産を開始した。生産能力は年産5万台（現状は年産2万台）である。現在、同工場では溶接、塗装、組立の生産工程を有しており、2014年からはこれらに加え、プレス、樹脂形成の生産工程を拡充させた。また、2016年からはSUV「RAV4」のCKD生産を開始する予定である（「トヨタ」HP, 2013年9月18日）。また、トヨタは極東ウラジオストックにて大型SUV「ランドクルーザー・プラド」のCKD組立生産を2013年2月に開始した。部品はトヨタ田原工場から輸送し現地工場は三井物産と現地自動車メーカーであるソラーズとの合弁形態を取り、生産を行ってきた。しかし、2015年6月に同モデルのCKD生産を終了し、輸入に切り替えた（「三井物産」HP, 2013年2月18日、「日本経済新聞」HP, 2015年8月18日）。

日産

　日産は2009年からサンクトペテルブルグで上級セダン「ティアナ」、

SUV「エクストレイル」、「ムラーノ」の組立生産を開始した。ルノー日産アライアンスを活かし、アフトワズ工場で現地専用車「アルメーラ」を生産している（「日産」HP）。同モデルはロシアの道路事情を考慮し、アンダーボディを保護、防錆クロムメッキ加工部品を採用している（「日産」HP，2012年8月29日）。

現代・起亜

　現代は2009年、サンクトペテルブルグに工場を開設した。溶接過程を設けるなど、当初より一貫生産が行われている。生産能力は年産15万台で、小型セダン「ソラリス」を生産している。一方の起亜はモスクワから東南約1,000kmにあるイジェフスク市において、兵器などを生産する「イジェフスク機械製作工場」に起亜の車両生産を委託している。ここでは、徹底した現地専用車開発を推進し、例えば現地生産されている「ソラリス」は同社の小型セダン「アクセント」をベースにしているが、ロシアの道路・気候事情を考慮した改良がなされている。具体的には車高引上げ、ウォッシャー容器拡大、バッテリー容量増強、そしてヒーター付ワイパー、急ブレーキ警報システム、高寿命ヘッドランプを標準装備している（「中央日報」，2011年11月29日）。

その他の企業

　フィアット・クライスラーは2012年以降主力ブランド車「ジープ」のロシアでの生産を計画していた。しかし、20％の株を所有する合弁相手のズベルバンク（ロシア貯蓄銀行）との協議が円滑に進行していないことも響いて、「ジープ」生産計画は決定されていない。当初、ズベルバンク側は、サンクトペテルブルグ近郊に工場を建設することを提案してきたが、途中でこれを拒否、そのため構想は宙に浮いている状況である（「日本経済新聞」，2012年2月29日）。

PSAと三菱は、それぞれ70対30の割合でカルーガに合弁工場を保有している。当初はCKDキットの組立てに限られていたが、次第に溶接やペイントショップ機能を持ち、多くの現地生産品を調達している。また、三菱はPSAと合弁でロシアでの現地生産を2010年より開始、SUV「アウトランダー」「アウトランダースポーツ」を生産している（「三菱自動車」HP，2012年7月4日，2013年7月2日）。

　マツダは、2012年10月、ウラジオストックにソラーズと合弁で組立工場を開設した。生産車種はSUV「CX-5」と「Mazda6（アテンザ）」で、将来的には車体、塗装工場も設ける予定である。現状生産能力は、年産5万台であるが将来的に10万台を目指すとしている。そして2018年量産開始を目指して、2015年9月、両社はエンジン工場の設立に合意した（「マツダ」HP，2015年9月4日）。

　続いて中国系メーカーの状況を見ていくならば、吉利は現地メーカーのDerwaysと合弁を組み、CKD生産を2010年から行っている。Derwaysはロシアの高級品・高級車ディストリビューター、マーキュリーグループ傘下の企業である。長城汽車は、2007年、タタルスタン共和国内に工場建設を表明していたが、計画を撤回した。しかし、2013年にロシア極東・沿岸地方に工場建設用地を取得、プレス、組立工場及び部品製造部門工場を建設した（「モーニングスター社」HP，2013年7月1日）。

4　ロシア自動車部品企業分析

4-1　地域分布

　ロシア自動車部品産業の集積地もほぼ自動車産業のそれと重なってくる。それはサンクトペテルブルグ地域とモスクワ地域とボルガ川周辺地

図 3-2　ロシア自動車部品産業の地域分布

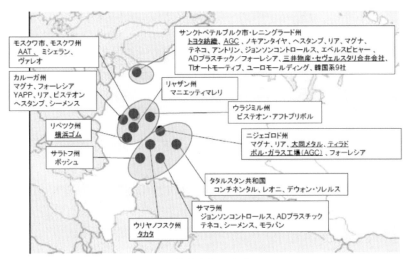

出典：JETRO（2012）『ロシアの自動車部品産業』

域に大別される（図 3-2）。2000 年代以降の日系、欧米系、韓国系自動車メーカーのロシア進出に伴い、日欧米韓自動車部品企業のロシア進出が積極化している。元来、ロシアでは自動車産業は、ソビエト時代から軍需産業としての性格を濃厚に帯びていたことから、コストよりは生産継続の安全性を考慮する形で、部品内製化率は非常に高かった。しかし 2000 年代以降国際水準でのコスト低下と品質向上が求められるなかで、実力を有する部品企業の誘致や合弁が積極的に展開されている。他方で日本企業は、ロシア地場部品企業の技術レベルの低さゆえ、部品取引を日系企業に限定している場合も少なくない。

4-2　部品企業の活動

まず日系部品企業の事例を見ておくこととしよう。日系のなかで、ま

ずサンクトペテルブルグに生産拠点を持つトヨタ紡織を見ておこう。トヨタ紡織は、トヨタ系列部品企業として初めてロシアに進出した。生産開始は、トヨタ組立工場操業開始と同じ 2007 年 12 月である。生産品目はカムリ向けシートであり、生産能力は年産 2 万セット、従業員 90 名で生産を開始した。日本のトヨタ紡織が 95% 出資し、残り 5% は豊田通商が出資を行っている(「トヨタ紡織」HP, 2007 年 12 月 21 日)。

次に独立系部品企業としてアツミテックをあげておこう。アツミテックは豊田通商と合弁で Atsumitec Toyota Tsusho Rus LLC を設立、自動車用 AT/MT シフターシステムを 2014 年から現地生産し始めた。生産拠点はサマーラ州トリヤッチ市で、生産した製品は、アフトワズに供給、将来的には他の自動車企業への納入も視野に入れている(「豊田通商」HP, 2013 年 2 月 13 日)。

独立系でもう 1 社、リコール問題で揺れるタカタをあげておこう。タカタは、2013 年 9 月、ウリヤノフスク(モスクワから 875km)で操業を開始した。従業員は 300 人強である。アフトワズ、ソラーズ、GAZ にシートベルト、エアバッグ、ステアリング・ホイールを供給している。その他には、大同メタル、横浜ゴムがロシアに進出している。

では、欧州系部品企業の活動状況はいかなるものか。第一に、コンチネンタルだが、同社は 2014 年にエンジン制御及び燃料供給部品の生産能力増強のため、2,400 万ユーロの増資をカルーガ工場に対して行った(「Continental Global Site」HP, 2014 年 6 月 5 日)。第二に、プラスチック・オミニウムはフォード、GM 及び日産向け燃料システムを供給する目的で、サンクトペテルブルグに工場を建設した。同社はトリヤッチにアフトワズ向け製品生産拠点を有している。また、スタブロボにもルノー向け部品工場がある「JETRO, 2014 年 2 月)。第三に、ヴァレオも現地生産化を進めることで、部品輸入の代替化を進めている(JETRO, 2014 年 2 月)。第四に、世界トップの部品企業であるボッシュは現在、

サマラにおいて第二工場を建設している（「ボッシュ」HP，2012年12月18日）。第五にビステオンは、ロシアの運転席用電子機器企業、Avtopribor社への出資比率を49%から69%に引き上げた。主要供給先はフォード、ルノー日産等である（Autosurvey JP，2013年11月1日）。そのほか、欧州系ではゲトラグ、GKNドライブライン、TRWもロシアでの現地生産を検討している。

　最後に韓国系を取り上げておこう。MobisモジュールCIS社は、現代のサンクトペテルブルグ工場の隣接地に工場を建設、バンパー、コントロールパネルなどのプラスチックモジュール製品を中心に生産を行っている。その他にも、ワイヤーハーネスを生産するユラ（Yura）コーポレーション、エアフィルターやガスケットを生産するシンヤン（Shin Young）がロシアに進出している（富山，2016）。

おわりに

　以上、ロシア自動車・同部品産業の現状と課題を検討した。現在ロシア自動車産業は、外資を導入する形で急速な近代化を図っている。しかし、技術的な遅れや政府の朝令暮改とも言える政策変更が重なって、必ずしも順調には進展していない。

　他方で、欧米日韓企業が参入することで、外資系企業が急速にそのシェアを拡大し始めている。しかも、ロシア系で最大の民族系企業であるアフトワズがルノー日産系と提携することでルノー・日産・アフトワズ連合を形成するなど、ロシア自動車産業は急速な業界再編成を遂げ始めている。自動車部品業界でも欧米部品企業の進出に伴い再編が急速に進行しているが、日系部品企業のロシア進出はこれからの課題である。また、これまでは、ロシア自動車産業はウラル山脈以西に限られていたが、極東地域でも外資系企業による組立生産が進みはじめている。とりわけ、

ウラジオストックでは、部品輸送の利便性を生かした自動車のCKD生産が、トヨタ、マツダ、いすゞなどを中心に始まっているのである。

第2節　トルコ自動車産業の現状と日韓自動車産業の展開

はじめに

　日本においては比較的なじみが薄いが、実は中東における最大の自動車生産大国は第2節で取り上げるトルコなのである。中東と欧州を結ぶ地政上の要衝を占めるトルコは、一面で欧州諸国と深い関係を持ちながら、他面でアジア、とりわけ内陸アジア地域とも政治的・文化的・経済的に深い関係を持っている。しかもこれら内陸アジア地域の多くの国々が「イスラム宗教圏」に包摂されることも手伝って中東のみならず中央アジア地域まで根の深い交易網をも合わせ持っている。かつてオスマントルコという中東の巨大帝国を作り上げた実績が、今なおこの国の経済活動に奥行きの深さを生み出してきているのである。本節では、トルコ自動車産業の現状と課題、EU諸国とのつながり、他の近隣イスラム諸国との連繋のなかでのトルコ自動車産業の位置を検討したい。

1　トルコ自動車産業発展史

　まずトルコ自動車産業発展史を概観しておこう。1954年のアンカラでの農業用車両を生産するTürk Traktör社の設立がトルコにおける自動車産業の嚆矢であるといわれている。しかし、その後のトルコ自動車産業の発展を見れば、外資系自動車企業とトルコ国内の企業グループとの合弁（JV）がトルコ自動車産業を引っ張ってきた。本格的にトルコ

国内での自動車生産が開始される以前、各自動車企業はトルコ国内の自動車販売代理店として地場財閥を活用していた。当初は、トルコ国内生産においては、セミノックダウン（SKD）生産及びコンプリートノックダウン（CKD）生産が主流で、現地部品の採用は限定的で、ために現調率は著しく低かった。そんななかで地場部品企業が次第に成長してきたのは1960年代以降のことであった。

トルコ自動車産業発展史は、自動車企業と自動車部品企業の関係を内包しつつ以下の時代区分に沿ってその発展の歴史をたどることが可能である（Wasti et al, 2006）。

第一段階は、1954年の国内生産の開始からそれが本格化する1980年までである。関税によって保護された市場で、外資系企業とトルコの地場企業は、おもに合弁関係をとりながら自動車生産を行ってきた。外資系企業は高関税で保護された恵まれた市場を確保しながらも、自動車部品企業が未成熟で、部品の質が低かったことから、まずは部品企業への投資と育成をおこなわなければならなかった。しかし、この政策を通じて、トルコの自動車部品企業は技術ノウハウを次第に蓄積していった。

第二段階は、1980年以降、1995年の欧州共同体（EC; 今日のEU）との関税同盟締結までである。この段階では、トルコ政府は段階的に市場保護の範囲を縮小し、開放経済政策に転換したため、トルコ自動車産業の状況はより競争的なものとなっていった。また、激化する市場競争下で外資系自動車部品企業のトルコへの進出が積極化するなかで、トルコの弱小部品企業は倒産・吸収されていったが、この競争に勝ち残った優秀なトルコ地場自動車部品企業はEUの認証を取得し、EUからの受注を増やすことでその事業を強化していった。

第三段階は、1990年代後半から現在までである。1995年の関税同盟締結によりグローバル部品企業とトルコの地場部品企業の協力関係が緊密化した。加えて、トルコ自動車企業もトルコ車の品質向上を積極的

に推進し、傘下部品企業に対し量・質双方における改善、すなわち部品生産量の増加及び技術投資の拡充を求めたのである。こうしてトルコ自動車産業はEU経済圏の一翼で活動することが可能となった。

2　トルコ自動車産業概況

こうした軌跡をたどって、2010年代に至ったトルコ自動車産業の現状を見ておこう（図3-3）。トルコ自動車産業は、2000年代以降急速にその生産台数を伸ばしてきた。2000年代初頭において40万台前後の生産規模であったものが、その後10年余りの間に約3倍に当たる110万台までその生産を伸ばしてきたのである。この間2009年にはリーマン・ショック、2012年には欧州不況の波を受けて若干の減少を見たが、2013年には再度上昇に転じ、トルコ国内販売台数も前年比7.2％増の89.3万台余を記録、世界第17位の自動車生産国へと成長したのである。

次にトルコにおける自動車販売台数の推移を見ておくこととしよう。

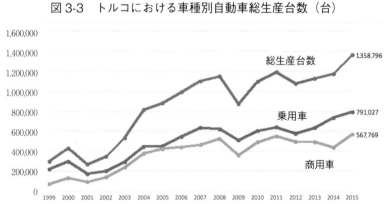

図3-3　トルコにおける車種別自動車総生産台数（台）

出典：OICA（2016）

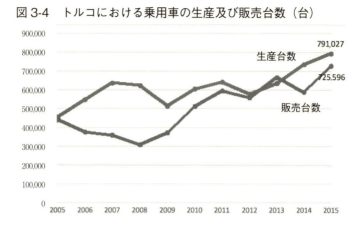

図3-4　トルコにおける乗用車の生産及び販売台数（台）

出典：OICA（2016）

　まず乗用車生産台数をみれば、2013年に特筆すべき変化が現われる。それは、図3-4にみるように、トルコにおける乗用車の販売台数が、初めてその生産台数を上回ったという点である。2013年の乗用車生産台数が約63万台だったのに対してその販売台数は3万台多く、約66万台を記録したからである。つまり、この差はトルコへの乗用車輸入が埋めたということになる。

　同様の視点で、図3-5で商用車に関してみれば、商用車はトルコでは生産が販売を大きく上回っており、その傾向は2000年代以降一貫している。つまりは、この差は、トルコから商用車が輸出されていることを意味する。トルコがEUに加盟すれば、対欧州輸出が加速されて、トルコはEU内の最大の商用車、バス生産国となることが予想されるのである。

　以上が自動車産業の概況だが、次に部品企業に目を転じてみよう。トルコは、長年、自動車関連の輸出は完成車が中心であったが、図3-6の

図3-5　トルコにおける商用車の生産及び販売台数（台）

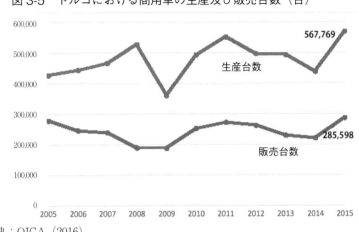

出典：OICA（2016）

ように2000年代に入るとトルコの総輸出量に占める自動車部品の割合が急増してきている。2008年以降の動きをみると完成車輸出と並んで部品輸出がコンスタントに伸びてきていることがわかる。

トルコからの自動車及び自動車部品輸出は、図3-7のように1995年にトルコがEUと関税同盟を締結した以降、急激に増加し始めた。2001年からはトルコ国内で生産された自動車関連製品の60％以上が輸出に向けられたのである。従って、トルコの自動車産業は輸出志向型であると言っても過言ではない。

次に図3-8で輸出先地域をみると、トルコはEUと関税同盟を締結したことにより、EU向けが多く、2011年にはトルコにおける自動車関連総輸出比率の72％がEUに集中していた。また、EUのなかでもとりわけドイツ、フランス及びイタリアがトルコの主要輸出相手国となっていた。

ではトルコの国内販売状況はいかなるものか。ECとの関税同盟が締

図 3-6　部門別自動車関連製品の輸出総額（US ドル）

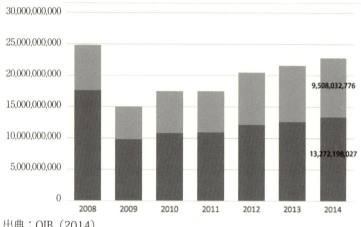

出典：OIB（2014）

図 3-7　自動車関連生産品輸出比率

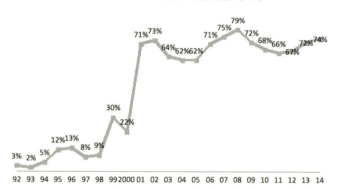

出典：OIB（2014）

結される以前は、輸入車は少なく、原則トルコ国内向け販売車両は、トルコ国内で生産されていた。ところが市場開放が進むと輸入が急増し、2000 年以降は乗用車・商用車含めた輸入車が、トルコ国内で生産された車両を凌駕するようになった（Duruiz, 2004）。2000 年以前は、た

図3-8　2011年トルコの主要輸出相手国

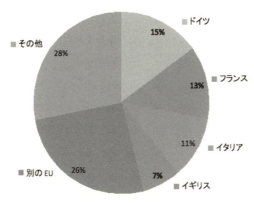

出典：OIB（2014）

とえば1995年に輸入関税を撤廃しても、その代わりに輸入関税と同じ効果を持つ個人消費税が非関税障壁として設定され、それが有効に働いていたからである。

　では、自動車企業別に見たシェアはいかほどか。表3-3にみるようにVW、オペルやルノーなど欧州企業が主要な輸入車ブランドである。また、欧州で長年成功を収めてきたアメリカのフォードも人気ブランドである。ブランド別販売台数首位のVWはトルコに乗用車生産工場を有していない。ただし、商用車生産工場を建設することとした。VWは商用バン生産工場はポーランド、商用車生産工場はトルコというように分業体制を構築したのである（Hürriyet, 2014）。オペルは同国内で自社生産を行わず、全車種をトルコ国外から輸入している。フォードとルノーは、国内向け販売車種を輸入しつつも、トルコ国内での現地生産にも力を入れている。

　2013年の人気モデル上位25車種を見ると（表3-4）、フィアット、ルノー、フォードなどはトルコ国内で人気ブランドを数種類に絞って販

売していることが分かる。さらに、オペル、ダチア、ホンダ、日産などは、一種または二種の人気車種を集中的に販売していることがうかがえる。

3　主要自動車企業分析

3-1　外資系企業

フォード

フォードは、トルコにおいて現地生産を開始する以前の1928年に現地の財閥コチをフォード車の販売代理店に指定していた。その後、フォードはコチと共同で1960年からミニバスの生産を開始した。やがてフォード車のラインナップが増えると、合弁相手コチは国内向けに独自ブランドの「Anadol」の生産を開始した。「Anadol」の各モデルはエンジン等主要部品を含めフォード車をベースに生産・販売された。しかし、1990年代初頭に「Anadol」ブランドは廃止となった。現在フォードとコチが共同経営しているオトサン工場は、イスタンブール近郊のギョルジュク（Gölcük）にある。同工場は2002年から2005年まで毎年フォードから"Best Plant in the World"を受賞していた（Avrupa gazeta, 2014年6月24日）。

マン（MAN）

マンは、ドイツの商用車企業であるが、1966年にイスタンブールにおいて現地工場を立ち上げている。イスタンブール工場は同社初の海外生産拠点であり、トルコ国内向けの車両を生産していた。1985年にはアンカラに第二工場を建設し、バス、トラック及びエンジンを生産している。1995年にイスタンブール工場は売却され、現在ではアンカラ工場で集中生産を行っている。今日、アンカラ工場はマン最大のバスの生

表 3-3　メーカー別乗用車輸入台数及び総販売台数（台）

	輸入台数		販売台数
	2012	2013	2014
フォルクスワーゲン	66,792	88,304	112,098
フォード	47,030	58,405	108,115
オペル	49,143	55,719	55,9931
ルノー	5,965	32,904	108,271
現代	25,141	29,824	49,574
ダチア	27,666	28,901	36,395
プジョー	14,519	23,068	34,034
トヨタ	20,099	22,421	38,443
BMW	15,247	20,705	20,705
メルセデス・ベンツ	12,730	20,023	30,444
シトロエン	14,711	19,690	30,003
日産	18,873	18,417	19,295
アウディ	13,720	14,987	14,987
起亜	11,870	13,195	13,648
シュコダ	10,118	12,833	12,833
シボレー	18,492	12,506	12,506
セアト	5,811	11,065	11,065
フィアット	8,774	10,913	97,593
ボルボ	5,247	5,021	5,021
ホンダ	2,728	3,394	15,415

出典：OIB（2014）& ODD（2014）

産拠点になっている（「Invest in Turkey」HP）。

ダイムラー

メルセデス・ベンツは1967年にバスの生産工場をイスタンブールに建設し、翌年操業を開始した。1986年にアナトリア中部のアクサライにバス及びトラックを生産する第二工場を建設した。また、1994年にダイムラーはイスタンブール工場を移転し、工場設備の近代化に着手した（「Invest in Turkey」HP，2015年9月4日）。

表 3-4　人気モデル上位 25 車種（台）

位	モデル	販売台数 2013
1	フィアット・リネア	37,537
2	オペル・アストラ	31,177
3	ルノー・クリオ	28,164
4	ルノー・シンボル	27,988
5	ルノー・フルエンス	27,536
6	フォード・トランジット	26,585
7	フォード・フォーカス	26,507
8	フォード・フィエスタ	23,625
9	フォルクスワーゲン・ポロ	22,449
10	フィアット・ドボロ	22,421
11	オペル・コルサ	21,555
12	フォード・（トランジット）コネクト	21,392
13	フォルクスワーゲン・ジェッタ	21,092
14	フィアット・フィオリーノ	19,803
15	フォルクスワーゲン・パサート	18,042
16	現代・i20	17,468
17	トヨタ・カローラ	17,389
18	フォルクスワーゲン・ゴルフ	14,930
19	ホンダ・シビック	12,921
20	プジョー・301	12,461
21	日産・キャシュカイ（デュアリス）	11,430
22	ダチア・ダスター	11,262
23	現代・アクセント	10,696
24	シトロエン・C－エリゼ	10,681
25	ダチア・サンデロ	10,655

出典：ODD（2014）

フィアット

　フィアットは1968年、国内市場向け低価格車の生産を開始した。工場はブルサに位置している。当初、フィアットが生産した自動車は「トファシュ」ブランドとして販売されていたが、販売不振で失敗に終わった。しかしその後もフィアットとトファシュは緊密な関係を維持しており、フィアットはトルコにR&D拠点を開設した。なお、フィアットにとって、トルコのR&D拠点はブラジルに次いで2番目の海外R&D拠点なのである(Athreye et al. 2014)。

ルノー

　ルノーは1969年にトルコ軍の関連企業であったオヤック（Oyak）との合弁事業を立ち上げ、1971年にトルコ国内での自動車生産を開始した。トルコ軍は軍事的・政治的分野だけではなく、軍関連

企業分野でもが合弁事業を行い、様々なビジネスを手掛けているが、「オヤック・ルノー」はトルコの低廉な労働力を利用しながら、自動車生産を拡大している（「ロイター」HP，2012年10月5日）。

いすゞ

いすゞは1984年にトルコ市場に参入し、アナドール社と共同でピックアップトラックの生産を開始した。アナドールは既に1965年から1986年までシュコダのピックアップトラック及びモーターバイクのライセンス生産を通じて、自動車事業を展開していた。工場はイスタンブール近郊に立地している。アナドール・いすゞは、ピックアップトラック「D-MAX」やバス、トラックを生産しており、同工場で生産された自動車はヨーロッパを中心にしつつもアルジェリア、アゼルバイジャンやイスラエル等、26ヵ国に輸出されている。アナドール・いすゞはイスタンブール近郊のコズィヤタギにおいて2008年から現代・アッサンと工場の一部を共同操業している。バスや商用車などの主要工場は別に存在していることから、同拠点では「D-MAX」のCKD生産が行われていると考えられる。

トヨタ

トヨタは1990年にサバンジュ財閥との合弁事業によって子会社を設立、1994年からカローラの生産を開始した。2001年にはトルコ側の合弁相手が撤退し、在トルコ法人はトヨタの完全子会社となった。さらにはトヨタのトルコ進出に伴い、関連するTier1サプライヤーがトヨタの生産工場があるイズミール近郊に生産拠点を開設した（Duruiz, 2004）。同工場は、「カローラ」及び「ヴァーソ」を生産している（「Invest in Izmir」HP，2013年7月9日）。

ホンダ

　ホンダは1992年、アナドールグループと出資比率50対50で合弁企業を設立し、1997年から自動車生産を開始した。また、同社は2003年にアナドールが出資していた全株式を購入、全経営権を掌握しホンダの100%出資に切り替えた（「Invest in KOCAELI」HP）。

現代（Hyundai）

　現代は、1994年キバル財閥（Kibar Holding）と出資比率50対50の割合で合弁会社の現代・アッサンを設立し、1997年からイズミットにおいて自動車生産を開始した。トルコ工場の設立は現代にとって初の海外工場設立となった。フォード・オトサンのケースと同様に、キバルは1990年から現代車の輸入と総販売代理店業務を行っていた。需要の急増に伴い、現代・アッサンは、2008年からイスタンブール近郊のコズィヤタギでアナドール・いすゞと共同で工場を操業している。同工場でいすゞ、現代の両社はCKD生産を行っている。2013年10月に現代はトルコでの生産能力を年産12.5万台から20万台へと増強した。生産規模の拡大は主に新型「i10」の生産量を増加させるために行われた。生産規模が拡大される前まで、トルコ工場における生産車種は「i20」のみであった（「聯合ニュース」HP，2014年9月9日及び「Invest in Turkey」HP，2015年1月12日）。

3-2　地場自動車企業

オトカ（Otokar）

　オトカは1963年、イスタンブールに近いサカリヤ県で創設された。同社はドイツ・ドゥーツのライセンスの下で通勤用バスを生産し、1970年代に入ると小型バス市場にも参入した。同時期にオトカは前述

のコチ財閥によって買収された。1980年代から1990年代前半に掛けて、同社はまずランドローバー・ディフェンダーの装甲車生産ライセンスを受け、トルコ陸軍向けの車輌を生産、それ以降も同モデルの生産においてオトカが独自開発した軍事技術を車両生産に活用している。このように、今日においては軍事車両がオトカの主要製品となっている。

BMC

BMCは1964年にブリティッシュ・モーター・コーポレーション（後のブリティッシュ・レイランド）の子会社として設立された。同社は商用バス、農業用、商用、軍事用車両を生産している。親会社のブリティッシュ・モーターが危機に陥った際には、トルコのチュクロヴァ財閥（Curkurova Holding）がBMCの事業を買収した。チュクロヴァ傘下においては、ボルボトラックのライセンス生産が行われてきた。しかし、チュクロヴァ自身が経営危機に直面すると、2014年にEs（エラム・サンジャク）経済調査コンサルティング社がBMCを買収した（「イスタンブール・ウィークリー」、2014年5月16日）。

カルサン（Karsan）

カルサン（Karsan）は1966年に創設され、メルセデスのミニバス生産を開始した。1979年から1998年の間、同社はコチ財閥に所属していた。この時期、カルサンは主にプジョーの商用車をライセンス生産してきた。1998年、同社はKiraca財閥によって買収され、現在では自社ブランド車の生産と現代バス及びイタリア・ブレダ・メダルニ（Breda Medarini）のライセンス生産を行っている。またKiraca財閥はトルコの主要スペア部品企業Karland及び自動車部品を製造するKirpartの経営を担っている。

Kirpartはサーモスタット、自動車用オイル、ウォーターポンプはむ

表 3-5　トルコにおける自動車企業の活動状況

	生産車種	出資比率	生産台数（台）		生産能力（台）
			2011	2013	
オヤック・ルノー	PC	51%	330,994	331,694	360,000
トファシュ・フィアット	PC, LCV	38%	307,788	244,614	400,000
フォード・オトサン	LCV, HCV, ミニバス	41%	295,850	281,287	330,000
トヨタ	PC	100%	91,639	102,260	150,000
現代・アッサン	PC, LCV	70%	90,231	102,020	200,000
カルサン	LCV, ミニバス, HCV	-	22,146	22,395	95,000
ダイムラー	HCV, バス	85%	21,362	22,395	19,000
ホンダ	PC	100%	12,341	14,813	50,000
アナドル・いすゞ	バス, LCV, HCV	30%	4,324	4,907	13,000
テム・サ	バス, LCV, HCV	-	4,060	2,918	11,000
BMC	バス, LCV, HCV	-	3,724	0	20,000
オトカー	LCV, ミニバス	-	3,062	4,840	7,000
マン	バス	100%	1,610	1,300	2,000
計			1,189,131	1,166,043	1,757,000

出典：OIB（2014）ならびに筆者の調査による。

ろんのこと、アルミ製ダイカスト部品も生産している。Kirpart はブラジル、中国とドイツに子会社（中国は貿易事務所のみ）を設立しており、ブラジル、中国、欧州及び南アフリカでフォード向けに、ブラジル及び欧州では GM 向けに、ブラジル、中国及び欧州では VW グループ（VW、アウディ）向けに同社製品を供給している。

　このように、トルコ国内では様々な完成車企業が事業展開を行っているが、各企業の生産車種、出資比率、生産台数、生産能力を整理するな

らば表 3-5 の通りである。

　トファシュ、オトサン（Otosan）及びオトカーの全社は、自動車、防衛、建設、金融や観光業など様々な事業を展開するコチ財閥に属している。これまで概観してきた通り、一般的にトルコの自動車企業は多くの新興国と同様に、大手財閥との結びつきが見受けられる。

　その他の特徴として、マンやダイムラーを除き、トルコ市場へ早期参入した企業は、合弁事業における相手側への出資を比較的低く抑えた形で事業運営を行っていることがあげられる。ただし、トルコが EU との関税同盟を締結した時期に、同国内に生産施設を構築した自動車企業の自己資本率は高く、例えば日本の自動車企業はトルコに完全子会社を設立している。

　トルコ自動車産業の顕著な特色としては、バス及び商用車の生産が集中している点を挙げることができる。比較的単純な作業工程で且つ低い賃金で大型商用車の生産が可能なトルコは競合する東欧諸国と比較しても優位な状況にある。さらに、BMC、カルサン、オトカー、テム・サ（Temsa）やタークトラクター（Türk Traktör）など、独立系トルコ資本企業は、上記のような特定車種の生産に特化していることが特徴である。

4　トルコ自動車部品産業の特徴

4-1　自動車部品産業の現状

　前述したように 1960 年代に外資系自動車企業がトルコ市場へ参入すると、彼らは、トルコ国内における地場部品企業の育成に注力するようになった（Özatagan, 2011）。

また歴代政権は1980年代終盤まで、輸入代替工業化政策の下で部品企業育成の動きを強く支援していた。しかし1998年にトルコが経済危機に陥ると、トルコ政府は輸入代替工業化政策を修正し、トルコ企業に対して自国製品の海外輸出を促す輸出志向政策を推し進めていった。したがって、EUと関税同盟を締結した1990年代半ばまで、トルコ政府は一貫して国内産業を保護してきた。2010年代では3,000社余りの中小自動車部品企業が存続していることを考えると、トルコ政府の地場サプライヤー育成政策は成功したといってもよいだろう。

　EUとの関税同盟が実現したことにより、自動車業界は転換期を迎えた。自動車産業に携わる各企業は、様々なEUの規格や規則を満足させることを迫られたからである。また、競争が激化するにつれて、各社は高度技術の発展が求められている。他方で、「自由化」を受けて外資系自動車部品企業は、合弁事業相手先の経営権掌握や競合するトルコ企業の買収を推し進めている。全体的にみると、トルコの自動車部品サプライヤーは厳しい競争下でこれに勝ち抜くための技術の向上が必要となっているのである（Özatagan, 2011）。トルコもブラジルやタイなど、多くの新興国と類似した発展経路を辿っている。トルコ自動車部品工業会（TAYSAD）の資料によると、トルコには世界の大手自動車部品企業が軒並みその名を連ねている。会社名をあげるだけでも、アッサンハニル（Assan Hanil）、韓一理化（Hanil E-hwa）、ベントラー、ボッシュ、カミンズエンジン（Cummins Engine）、デルファイ、デンソー、フォーレシア、GKN、マグナ、マニエッティ・マレリ、マーレ、日東電工、トヨタ紡織、豊田通商、ヴァレオ、矢崎、ZF等がトルコに工場を有している。

　また、ウルダー自動車産業輸出業者協会（OIB）によると、2012年の時点でグローバル展開を行っている自動車部品企業のうち78社がトルコに進出している。それらの中でも24社がドイツ企業である。つまり、トルコに進出しているグローバル部品企業の約三分の一がドイツ企

業であると言えるのである。同時に、これは前述したトルコとドイツの間における強い交易関係を物語っている。

4-2　地理的特徴

　最後に、トルコ自動車産業の地理的特徴、すなわちその強度な集積に関して述べておきたい。生産面に関して、ほとんどの自動車・部品企業の生産・組立工場がイスタンブール、イズミット、マルマラ海周辺のブルサ及びボスポラス海峡周辺を含むマルマラ地方に立地している。このように、自動車関連産業が集中していることから、マルマラ地方は「トルコ自動車産業の中核地帯」と称されている (Wasti et al, 2006)。

　マルマラ地方は、トルコ総人口の約30%が集中し、豊富な労働力と比較的大きな消費需要を兼ね備えていることから、経済的に大きな優位性がある。さらにマルマラ地方はトルコから全世界への交易が可能な主要港を有している。EUとの関税同盟を活かして、トルコ国内で組み立てられた製品を容易にEU市場へ輸出することが可能である。マルマラ地方は西欧、旧ソ連諸国及び中東諸国向けハブ拠点としての役割にも適している。

　しかし懸念材料もある。というのは、同地域では度々地震が発生しており、大規模な自然災害が発生した場合には生産に支障をきたすという潜在的脅威が常に存在しているからである。だが、こうした危険性を内包しつつもマルマラ地方は自動車産業の中心地としての位置を保持している。

　このマルマラ地方以外では、トルコ中部に位置する首都アンカラが独自の経済圏を形成しているが、物流面の改善が課題である。同じくトルコ中部のアダナにはトルコの主要財閥であるサバンジュが本社を設けているが、サバンジュの子会社である自動車企業のテム・サも同地に拠点

を有している。

　またエーゲ海に面するイズミール周辺部においても、BMC やカルサンの生産拠点があり、産業集積が進んでいる。しかし、トルコの産業全体の傾向として、マルマラ地方と比較すれば、アンカラ、アダナ、イズミールを含むアナトリアは発展途上段階にあると言える。

おわりに

　以上、トルコ自動車・部品産業の概況を検討した。現在、トルコ自動車産業はまぎれもなく発展飛躍の踏み台を踏んだ状況にある。トルコのＥＵ加盟が検討俎上にある現在、各社は同国をEUへの乗用車・商用車供給基地と位置付けてその準備を急速に進めているからである。本節は、その一端を紹介したが、時とともにその具体的な姿が浮かび上がってくることは間違いない。

第3節　中・東欧の自動車・部品産業概況

はじめに

　本節では、中・東欧の自動車・部品産業の現状を明らかにする。冷戦崩壊以降急速に EU 経済圏の一環に組み込まれたこの地域の自動車・部品産業がいかなる変様を遂げつつ再編されていったのかを、中・東欧各国別に明らかにする。

1　全体的動向

　社会主義体制が崩壊し、市場経済に移行する過程で、中・東欧の自動車産業は大きな変貌を遂げた。冷戦下における中・東欧諸国の自動車企業は、すべて国有で、モデルも画一化されていた。しかもソ連の指導下で、中・東欧各国はその生産計画の一部を担当する国際分業体制をとっていた。その結果、一定量を生産するということに関してはいくつかの企業でそのスケール・メリットを生かすことが出来た。その好例は、ハンガリーのバス生産会社であるイカルスで、1980年代には中・東欧、ソ連だけでなくアンゴラ、キューバ、イラク、モザンビーク、旧東ドイツ、ウガンダなどに輸出を行い、世界一のバス生産企業となった。しかし計画経済下では技術向け投資が推進されず、生産台数増加が優先されたため、冷戦後に技術やデザインは西欧に大きく依存する体制が作られていった。このような背景により、冷戦後には西欧各国から本格的な技術導入が行われることとなった。

図 3-9　中東欧地図

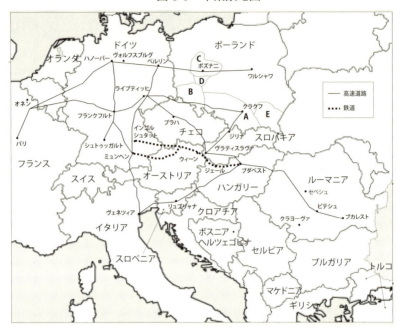

図 3-10　中東欧国別自動車生産台数 1998 年－ 2015 年（台）

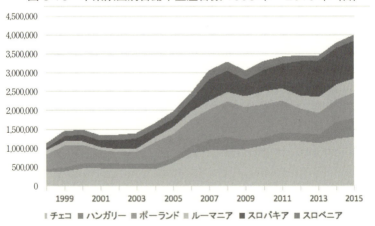

出典：OICA（2016）。

図3-11　中・東欧国別乗用車生産台数　1998年－2013年（台）

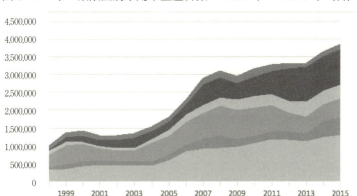

出典：OICA（2016）。

　社会主義体制の崩壊と市場経済への移行期において、中・東欧諸国の自動車企業は、技術レベルが低く、資金不足に悩まされた結果、欧米各国企業の技術、資金援助を受けなければならなくなった。他方、欧米企業も中・東欧企業への積極的技術、資金投資を開始した。その理由は二つあげられる。一つは、労働者は優秀であるにもかかわらず中・東欧のワーカーの労賃やインフラ費用が廉価であったことだった。いま一つは図3-9にみるように、これらの中・東欧諸国がEU圏に包摂されるなかで、中・東欧企業はEU企業群のサプライチェーンの重要な一環を構成したことである。その結果、欧米企業は中・東欧地域の工場を買収し、かつ次々と工場を新設していった。

　では、次に中・東欧各国の自動車生産の現状を検討することとしよう。まず、図3-10に明らかなように中・東欧6ヵ国（チェコ及びハンガリー、ポーランド、ルーマニア、スロバキア、スロベニア）の生産台数は1998年の110万台から2013年には341万台余に増加した。

図 3-12　中・東欧国別商用車生産台数　1998 年－ 2015 年

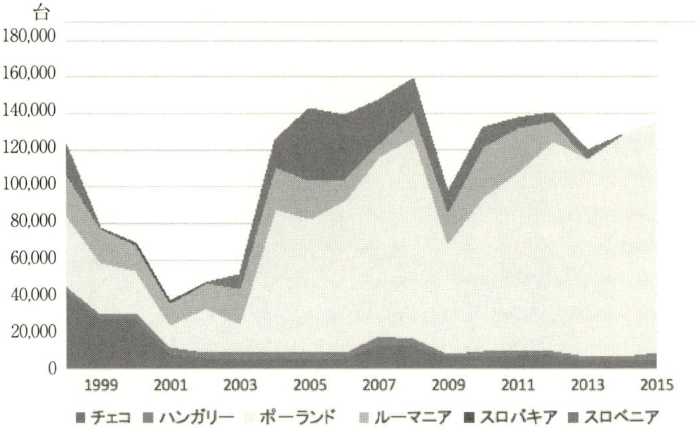

出典：OICA（2016）

　この間の中・東欧地域の生産増大は西欧諸国の企業の東欧シフトがあずかって大きかった（Frigant/Layan 2009; Klier/McMillen 2013）。チェコの生産増加が最も顕著だが、それはまさに西欧企業がチェコに生産拠点を移したからである。チェコの生産台数は 1998 年の 36.8 万台から 2013 年には 113.2 万台へと増加した。これは 15 年前の中・東欧 6 ヵ国合計の生産台数を凌駕する。2004 年以降中・東欧の 6 ヵ国はすべて生産台数を増加させたが、チェコ及びスロバキア、ポーランドの増加は際立っていた。

　さらにその内訳も見ておこう。まず、乗用車生産だが、図 3-11 で明らかなようにチェコの占める生産比率が最も大きい。チェコは長い間乗用車生産が大きな比率を占めてきた。だが、2005 年以降はスロバキアが急速に追い上げてきている。ポーランドは逆に 2010 年以降乗用車生産が減少している。ポーランドにあるフィアットのティッチ（Tychy）工場が小型ハッチバック車「パンダ」の生産を 2005 年に終了し、新モデルの生産を行わなかったことが大きな原因である。同工場の年間生産

能力は60万台で、うち20万台は「パンダ」が占めていたから、その分ポーランドでの乗用車生産台数は減少したことになる。

しかし、図3-12のように、商用車生産においてはポーランドは中・東欧で大きな比重を占めている。1990年代にはほぼ同じであったチェコとポーランドの商用車生産台数は、2000年代に入るとチェコのそれが減少の一途をたどった。冷戦時代にチェコを代表していた代表的な商用車企業の「アビア」、及び「リアス」、「タトラ」といった商用車企業はその生産を急速に減じた（Pavlinek 2008）。対照的にポーランドでの商用車生産台数は急増を開始し、ポーランドは中・東欧随一の商用車生産国となった。この生産増大は、外資に負うところが大きい。なかでも、ポーランドで生産される商用車の大半は中大型トラックではなく、軽型商用車（LCV Light Commercial Vehicle）及び生産台数が少ないバスであった。ポーランドで生産された商用車の多くは乗用車のプラットフォームを使っていたのである。

2　ポーランドの自動車産業

ここでは、ポーランドに絞って、自動車産業の発展過程と、地域的特色、自動車部品企業についてみていこう。

2-1　発展過程

共産党政権下のポーランド自動車産業

共産党政権下のポーランド自動車産業としては、ワルシャワに拠点を置く国営FSO社とティヒに本部を持つFSM社の2社が自動車生産を行ってきた。これら2社は、民間向けの車両生産のほかにポーランド軍向けの軍用車両の生産も実施してきた。2社ともに、当初はソ連の技

術援助を受けていた。FSO社は、1950年代には「シレーナ」を開発したが、このモデルは、のちにFSM社によって1970年代初頭から生産が引き継がれた。そして1960年代からFSO社はフィアットと協力関係を作り上げ、続いてFSM社もフィアットとの関係を構築、両社は、フィアットの「125」、「126」、「1300」、「1500」をベースとした車を生産した。当時、これらの車は「ポルスキーフィアット」と称された。

移行期

　1989年から1991年にかけてポーランドの自動車生産は40％も減少した。同時期、雇用も11万4,000人から8万人まで減少した。さらに、新車販売台数も1991年の22万7,000台から翌92年には20万台に減少した。この急激な減少の理由は、西欧からの中古車流入であった。ポーランド政府は、国内生産を安定させるために、中古車の輸入を禁止した。しかし、この結果FSO社の経営は破たん寸前に陥った。

　さて、この移行期におけるフィアットとポーランド自動車産業の関係を見ておくこととしよう。フィアットは、1990年代以降ポーランドに進出した最初の西側自動車企業だったが、その歴史を振り返るならば、すでに1921年からポーランドで自動車生産を展開してきたという実績をもつ。フィアットは、1990年代以前においてもFSO社、FSM社に協力してライセンスデザインと技術提供を行ってきた。そして、フィアットは1987年、FSM社へ「Cinqecento（500）」の生産能力を向上させるため投資を行い、ポーランドで生産した同モデル車の80％を西欧に輸出するという戦略を推進した。さらにポーランド自動車メーカーへの支配権伸張を目指して1993年にはFSM社を買収した。したがって、移行期においてフィアットはポーランドのシェア第1位を誇っていた。しかしフィアットは、1995年には51.1％、1996年には44％へとシェアを下げ、2013年には31.9％にまで下落した。

なお現地スタッフの採用状況を見てみると、アメリカ企業は現地スタッフの採用を積極的に推進しているが、イタリア、日本企業はそれ程積極的ではない。その中間にあるのがドイツ、フランス企業である。

2-2 地域的特色

シレジアクラクフ内陸部（図 3-9 A）

同地域では、長年にわたり職人により形成された高度な技術が受け継がれており、比較的早い時期に工業化がすすめられた。したがって、この地域は、社会主義時代にはポーランド産業の中心地で、かつ自動車メーカー FSM 社の企業城下町でもあった。今日、同地域はポーランド自動車産業の中心と呼ばれており、フィアット、GM、マンの組立工場が存在する。フィアットは、同社ティヒ工場で、欧州市場向けのフォードコンパクトカー「Ka」を生産している。また、部品企業としては、ブレンボ、デルファイ、ジョンソンコントロール、リア、マニエッティ、マレリ、万都、テクシッド、TRW、バレオなど 100 社を超す Tier1、2 の自動車部品企業が集中している。また従業員教育においても、伝統的な職人教育システムが残る一方で、グリヴィッツエ、クラクフ、カトヴィツエの各工科大学で教育を受け、資格を得たエンジニアも活躍している。

シレジア下部（図 3-9 B）

シレジアクラクフ内陸部と比較すると、2013 年以降シレジア下部における自動車部品企業の集積が進んでいる。この地域には自動車組立工場は存在しない。100 社を超える海外部品企業がシレジア地域で稼働している。これらのなかには、トヨタ（トランスミッション工場 1 ヶ所、エンジン工場 2 ヶ所）、天辻鋼球製作所（軸受用のボールベアリング）、ニフコ（プラスチックコンポーネント）、日本精工（ステアリング

システム)、サンデン(コンプレッサー)等の日本企業が進出している。組立工場がないにもかかわらず同地域に部品企業が集中している理由としてはいくつか考えられる。一つは、主要市場であるドイツ、チェコ、スロバキアやシレジア内陸部と隣接していること、二つには高速道路（A4）を利用して、上記地域へのアクセスが容易であること、三つに経済特区の下でインセンティブを享受できること、そして四つにはシレジア内陸部と同様に職人技術が保持されていることである。

ポズナニ地域（図3-9 C）

この地域は、1992年にVWが進出したのを契機に外資系企業の進出が増加し、自動車産業が活性化した。VWは、「T5／カラベル」バンおよびLCV「キャディ」を生産している。また商用車に関しては、マンとポーランドのソラリス社がバスを生産しており、ポズナニ地域がポーランドの商用車生産における中心地となっている。また、VWはポズナニ工場から50キロほど離れたプジェシニャに新工場の設立を計画しており、同工場では、2016年末から「クラフター」バンの新モデルを生産する予定である。

ブリジストン、CEE最大のバッテリーメーカーのセントラ（エキサイド）やキンボール電機も同地域に工場を有している。また、VWのサプライヤーパークは高速道路（A4）から6キロの場所に立地しており、部品がドイツやチェコから輸送されてくる。

ウイエルコポスルカ南部（図3-9 D）

この地域は、多様な自動車・電機部品を生産する部品企業が集積している。たとえば、空調装置を生産するカルソニックカンセイやデルファイ、労働集約型部品のワイヤーハーネスを生産するレオニや住友電装、そして自動車用の内製部品を手がけるインターグロクリン（Inter

Groclin）などの工場が稼働している。もっとも、リーマン・ショック後は住友電装の工場閉鎖やレオニ、インターグロクリンの従業員削減などがあり、労働集約型自動車部品産業は著しく停滞した。

　リーマン・ショック以前、ポーランドの賃金は安く、政府のインセンティブも相まって、同地域は労働集約的産業を引き寄せる魅力を持っていた。しかし、リーマン・ショック以降は、ポーランドより賃金が廉価なルーマニアなどの国々へ生産移管が行われている。

ポトカルパチェ地域（図 3-9 E）

　ポトカルパチェ地域は、かつてポーランド軍需産業の中心地で、航空機産業が盛んであった。したがって、同地域における労働者の技術水準は高度であった。だが、その割りには周辺地域であるため、他の地域と比較すると相対的に賃金は廉価であった。この地域では、アルミ鋳造や鋳鉄などのエネルギー集約型産業が盛んであった。たとえば、ピストン生産のフェデラル・モーグルやホイールのユニホイールなどがその代表的企業である。長年にわたるアルミ産業の伝統があり、またポーランドのなかでもエネルギー価格が低いことから、エネルギー集約型産業にとって魅力的な地域なのである。なお、この地域にはアルミを扱う企業のほかにグッドイヤーやリアの工場が稼働している。しかし総合的に見れば、景気変動の波に洗われており、リアの生産量は落ちている。これを補てんするため地方政府は2011年に日本板硝子、東海ゴムの工場誘致を行った。

2-3　自動車部品企業分析

ボルシェフ

　ボルシェフはポーランドを代表する企業であるが、同社は二つの事業

部門をもっている。一つは化学製品部門であり、おもに自動車用のプラスチックコンポーネント、合成繊維、不凍液、ブレーキ液を生産している。いまひとつは非金属事業部門で、おもにアルミ、亜鉛、鉛、銅製品を生産している。2010年に同社は、ドイツの競合他社数社およびエアコン、ブレーキ用チューブを生産しているイタリアのマフロウ社（Maflow）を買収した。買収したドイツ企業はいずれもVW社の近くに位置することから、これら企業はVW向けに部品を供給していたものと想定される。さらに2014年、同社は天昇ポーランドの株を取得した。加えてロシアに子会社を設立し、ニジニ・ノウゴロドのVW工場向けの製品供給を準備し始めた。今後は、アメリカやメキシコでも事業拡張する予定である。こうした事業拡張の結果、同社はポーランド最大の自動車部品企業へと成長した。

　さて、このように成長し続ける同社の主要顧客はVWグループである。具体的には、VWの「ゴルフ」、「パサード」、「ティグアン」、ショコダの「オクタビア」、「スペルブ」、アウディの「A3」、「A4」向けに部品を供給している。同社が、ドイツの競合他社やイタリアのサプライヤーを買収するにあたっては、VWによる支援があったものと想定される。また、同社はマフロウ社を買収したが、マフロウ社はVWのみならずルノー日産、JLR、プジョーシトロエン、ボルボ、BMW、フィアットに自社製品を供給していたことから、ボルシェフは自社製品の販売先の多様化を志向したものと想定される。ボルシェフの販売先を見れば、60％は欧州であり、残りの30％はポーランドとVWが中心である。従業員もポーランド人を除くとドイツ人が大きい比重を占めているのである。

インターグロクリン

　インターグロクリンは、主に自動車用のシートおよびドアパネル、イ

ンテリアトリム、アーム、ヘッドレスを生産している。さらに、規模こそ大きくはないが、家具事業も行っている。そして同社は、先のボルシェフに次ぐポーランド第2位の自動車部品企業なのである。生産拠点としては、ポーランドに3拠点、ウクライナに1拠点の工場を有している。ウクライナでは、2007年に第2拠点の建設に着手したが、リーマン・ショックの影響で建設は中断されたままになっている。同社は、フォーレシア、ジョンソンコントロール、リア、マグナのみならずルノー、BMW、フォード、三菱、プジョー、ボルボ、ダイムラー、スズキ向けの部品生産を行っている。しかし、近年同社はデザイン部門を設立、自社での試作品の開発、製品テストやデザインサービスが可能となり、2011年からVWとGMのTier1企業となった。

　以上、ポーランドの自動車産業の発展過程と現状を検討した。ポーランド自動車産業は、西欧自動車産業の部品供給基地として、また商用車生産基地として大きな役割を演じていることが理解できよう。こうしたなかで、ボルシェフ、インターグロクリンといったポーランド部品産業を代表する企業も徐々に成長し始めているのである。

3　中・東欧各国動向

3-1　チェコ

　チェコの自動車産業を牽引したのは、同国の自動車企業のシュコダの存在である。冷戦時代からシュコダの品質の高さは定評があった。シュコダだけでなく冷戦時代の東ドイツのヴァルトブルグ、トラバントの2社は独自技術で勝負してきた（Pavlinek 2008：4）。これら3社を除く他の中・東欧諸国の完成車企業はフィアット、ルノー、シトロエンの技術供与を受けてきた。独自技術で生きてきたシュコダは、その分高い技

術を持っていたということになる。

　移行期のシュコダは、1991年にVWと共同経営を行ったが、それがＶＷによるシュコダの買収へとつながった。共同経営の過程で、チェコ政府はシュコダの部品企業を保護する政策を推し進めた (Pavlinek2008: 81)。その結果、チェコ自動車部品企業は、欧米部品企業に対して高い競争力をもち、さらに移行期に欧米部品企業から技術を学んで、生き残ることができた。共同経営時期にシュコダは自社で開発した「ファボリト」や「フェリシア」モデルを生産していたが、統合後は新モデル「オクタビア」をVWプラットフォームで生産することが可能となったのである（Pavlinek/Janák 2007: 152; Fn 7）。しかし、これによってチェコ部品企業は、同国に進出した海外部品企業のTier2サプライヤーへと転換することとなった。

　しかしシュコダのブランドが存続したことは、そのR&D機能も存続したことを意味していた。西欧の主要企業と比較すればその機能は半分以下と評価されていることも事実であるが、他の中・東欧諸国と比較すると8〜10倍程の強さを誇っている（Pavlinek/Zenka 2011: 581）。また、シュコダはVWグループの子会社ではあるが、R&Dに加え部品購入、マーケテング、ディストリビューションといった諸部門も相対的にVWから独立しているのである（Pavlinek et al. 2009：54）。

　このようにチェコ自動車産業に、シュコダが寄与する面は大きいが、

表3-6　TPCAの年別、ブランド別の生産台数（台）

	2006年	2007年	2008年	2009年	2010年	2011年	2012年	2013年
トヨタ	100,437	105,276	108,008	100,359	82,916	90,687	74,190	69,386
プジョー	101,671	104,466	108,192	116,073	110,544	91,335	74,891	57.272
シトロエン	91,542	98,736	108,089	116,057	102,252	88,683	65,834	58,469
計	293,650	308,478	324,289	332,489	295,712	270,705	214,915	185,127

出典：TPCA（Toyota Peugeot Citroën Automobile）（2014）

2000年代後半におけるトヨタ・PSAのチェコへの共同進出及び、韓国現代自動車の進出が自動車産業の発展を促進した。それに伴い、韓国系、フランス系部品企業のチェコ進出も増加した。現代自動車にとってチェコ工場は、EU内での最初の生産拠点であった。トヨタもイギリスやフランスに工場を稼動させていたが、中・東欧でPSAと初めて共同進出した国がチェコであった。

　トヨタ・プジョー・シトロエン自動車（Toyota Peugeot Citroën Automobile；TPCA）と呼ばれたこの合弁工場は2002年に設立され、2005年に生産を開始した（表3-6参照）。この工場はプレスショップ、及びボディショップ、ペイントショップ、組み立てラインを有していた。年産能力は30万台で、うち99％は輸出する。生産している軽自動車（シトロエン「C1」及びプジョー「108」、トヨタ「アイゴ」）は全て同一のプラットフォームを使用している。

　2014年の新モデル販売開始は2013年における生産台数減少への対応である。TPCAは、部品やモジュール製品の約80％をチェコで生産している。ただし、トランスミッションや1.0ℓガソリンエンジンはポーランドのトヨタ系部品工場で生産し、そこから輸入しているのである（「トヨタ」HP，2016年10月20日）。

　なお、韓国の現代自動車がEU内に初めて設けた生産拠点が2009年に稼働開始したチェコのノショヴィツェ工場であった。勿論、現代は既に1997年よりトルコの工場からEUへの輸出を開始していたが、「EU内の生産拠点」としてはノショヴィツェ工場が最初である。年産能力は30万台であり、生産モデルとしては「i30」ハッチバック（ステーション・ワゴン及びクーペ型）、「ix20」ミニバン、「ix35」コンパクトSUVがあげられる。2012年にはトランスミッション生産工場も稼働を開始したが、年産能力は60万台であり、余剰は現代のサンクトペテルブルク工場や、スロバキアに位置する起亜のジリナ工場に供給している。このよ

うにチェコは現代・起亜のロシア、中・東欧生産ネットワークにおける重要な戦略拠点なのである。

チェコで生産を行っている韓国系部品企業としては東熙（タンク）、東遠（ドアフレーム、ドアインパクトベーム）、現代ダイモス（シート）、現代モビス（コックピット、フロントエンドモジュール）、フロント、リアアクセル）、PLAKOR（バンパー、ダッシュボード、ラジエター、スポイラー）、平和精工（ドアモジュール）、星宇 Hitech（プレス部品）等がある。

現代モビスは、現代自動車の活動展開に随伴進出してその活動を拡大しただけでなく、進出先での「提案型営業」を通して積極的にグローバル企業に部品供給を図っていったのである。

3-2　スロバキア

スロバキアのヴラティスラヴァ（図 3-9）には、冷戦期からシュコダの工場があった。冷戦後、同工場はスロバキア政府の所有となったが、スロバキア政府には開発力、デザイン力がなかった。その結果、同工場株式の 20％を VW が所有、かつてシュコダブランドの車を生産していた工場が、VW ブランドの車を生産することとなったのである。

1990 年代において、VW の「ポーロ」、「ゴルフ」、「パサート」が生産された。さらに、2002 年には、VW グループの高級 SUV である、アウディ「Q7」、VW「トゥアレグ」の生産が開始された。これら高級 SUV は全て、VW とポルシェが共同開発したプラットフォーム（PL71）を用いて生産されている。なお、ポルシェは「カイエン」のシャシーをヴラティスラヴァ工場で生産し、ドイツのライプチヒ工場で完成車を組み立てている。

VW はスロバキアの低賃金をめあてに SUV だけでなく、トランスミッ

ションも生産している。生産されたトランスミッションは「アウディ」、「セアト」、シュコダや VW の乗用車にも使用されている。2000 年、VW はスロバキアのマーティンに部品工場を建設、デフ、シンクロナイサー・リング、フランジ・カップリング、ドラムブレーキ、ブレーキディスク、ホイール・ハブを生産している。

VW によれば、同工場で生産している部品のうち 93％を輸出している。そして、例えば VW の第一部品工場（カッセル）はマーティンで生産した部品の 66％を使っている。また、2011 年から VW グループの超小型車（New Small Family；NSF：セアト「ミィ」、シュコダ「シティゴ」、VW「アップ」）を生産している。そのため、VW は年産能力を 40 万台に向上させた。

そして、スロバキアの自動車生産台数は 2007 年以降増加を開始したが、それは起亜や PSA が新工場を建設し、2006 年 12 月以降生産を開始した結果である。PSA はプジョー「207」、「208」ハッチバック及びシトロエン「C3 Picasso」MPV を生産している。起亜は「ヴェンガ」ミニバン、「スポルテージ」SUV、「ix35」コンパクト SUV、「シード」コンパクトカーを生産している。スロバキアは起亜の欧州における生産拠点として位置づけられている。

このようにスロバキアには生産台数が多い超小型車やコンパクトカーを生産する一方で、生産台数が少ない高価な SUV も生産しているという傾向がある。外資系完成車企業による直接投資がスロバキア自動車産業を発展させたと言えるが、その分スロバキア自動車産業はこれら企業への依存を深める結果となったのである。

3-3　ハンガリー

生産ネットワークにおけるハンガリーの役割は、自動車生産拠点では

なく、部品生産拠点という点で中・東欧の隣国のなかでは異なる特徴を持っているのである。冷戦中でも乗用車生産拠点はなく、商用車、とりわけイカルス社がバス及びオートバイを生産し、中・東欧諸国に輸出していた。

　一方、ハンガリー公社は乗用車及び商用車部品を生産し、これを中・東欧諸国だけではなく、西欧諸国にも輸出していた。冷戦期においては、企業内で開発は行われず、国家計画にしたがって増産が行われただけだった。しかし、西欧に輸出する場合には外資系部品メーカー、例えばボッシュ、Girling ブレーキ、Knorr ブレーキ、Lucas、MAN、ZF、現代自動車の技術ライセンスを獲得して生産を行った（Havas 2007: 5）。

　その結果、冷戦後のハンガリー人労働者の技能は海外から高く評価されたし、賃金が安く、地理的にも有利な立地条件を生かして体制移行時代から海外直接投資を呼び込むことができた。

　1992 年、日系完成車企業のスズキが欧州初の生産拠点をハンガリーに建設した。この生産拠点は EU 市場向けであった。1980 年代、日系のホンダ及び日産、トヨタは欧州に生産拠点を設けたが、スズキは持っていなかった。スズキは現地部品企業を使って生産する他なかったが、現地調達できないエンジン及びトランスミッション、シャシーは日本から輸入せねばならなかった（「メタルワン」HP, 2011 年）。

　1992 年に GM はドイツ子会社オペルを使って、ハンガリーでエンジン及び組み立て工場を建設した。スズキに比べれば、GM・オペルは欧州に生産ネットワークを持っていたので現地部品企業を使う必要はあまりなかった。GM は乗用車を CKD 生産していたので、ハンガリーの組み立て工場を閉鎖して、ポーランドの新工場に生産を移管することができた。一方、GM・オペルの部品企業、殊にガソリンエンジンやディーゼルエンジン部品及びトランスミッションを生産する企業が進出した。GM は自動車生産拠点をポーランドに集中し、一方部品生産拠点はハン

ガリーに集中した。

　アウディも GM と同じパターンをたどった。1993 年に VW の子会社はジェールに工場を建設した。最初この工場はエンジン部品だけを生産していたが短期間でアウディ最大のエンジン工場となった。今日、ジェールは VW グループ最大のエンジン工場である。

　2013 年、ジェール工場は 192 万 5 千余台のエンジンを生産したが、この数値はアウディの自動車生産台数（160 万 8 千台）を大きく上回る。ジェール工場はアウディ以外のブランド（ベントレー及びランボルギーニ、セアト、シュコダ、VW）にも供給しているので、アウディの自動車生産台数よりエンジン生産台数の方が多いのである。全体的に、アウディモデルの 90% はジェールで生産されたエンジンを使っている。

　また、エンジンだけではなく、年産能力が小さいモデルの車も組み立てている。ボディーをドイツ本社のインゴルシュタット工場でプレス、ペイントし、鉄道でジェールに供給する。ジェール工場では労働集約的に組み立てを実施している。しかし、最近アウディは、ハンガリーのロールが開発した 2013 年のコンパクトカー「A3」の生産をジェールの新工場で開始し、プレスショップ、及びボディショップ、ペイントショップを建設した。「A3」の年間生産予定は 12 万 5 千台だからこのモデルはアウディの大衆車と言える（「The Wall Street Journal 日本版」, 2013 年 6 月 13 日）。

　また、2000 年代、ダイムラー（メルセデス・ベンツ）もハンガリーにケチケメート工場を建設した。この新工場は 2012 年生産を開始した。ケチケメート工場は中部ハンガリーに位置するが、他の完成車企業の工場は全てオーストリアやスロバキアとの国境に位置する。つまり、ダイムラーはそれまで自動車産業が集積していた地域を選択しなかったのである。なお、2015 年 12 月にはケチケメート工場の物流スペースを拡張し、部品の自動供給設備を導入するため、約 1,500 万ユーロを

投資すると発表した。2016 年夏に拡張工事が完成し、生産性向上ならびに労働環境改善が実現する見通しである（「NNA.EUROPE」、2015 年 12 月 21 日）。

3-4　スロベニア

　地理的にはスロベニアは中欧に位置するが、上記ヴィシェグラード・グループ各国（ポーランド、チェコ、スロバキア、ハンガリーの 4 ヵ国）に比べれば、その性格は異なる。先ずは政府と労使の関係が異なる。旧ユーゴスラビアのコーポラティズムの伝統にもとずきスロベニア政府は、労使両者の間に立って 2000 年代前半まで労使関係に深くかかわってきた。

　また、政府は国営企業の民営化における海外投資家の関与に警戒的であった。したがって、2000 年代までスロベニアは海外に門戸を開いていなかったのである。たしかに政権が交代して以降開放政策が採用されたが、しかし 2015 年になって他の中・東欧各国に比べれば、コーポラティズムの伝統が強く、外資系企業の数は少ないというのが現状である。

　生産状況を見ていくならば、旧ユーゴスラビア時代の国営企業 IMV（Industrija motornih vozil）が自動車を生産していた。ユーゴスラビアの内戦の結果スロベニアは独立国となった。内戦時の主戦場はクロアチアやボスニア・ヘルツェゴビナであったので、スロベニア自体はあまり被害を受けなかったのである。

　1950 年代に IMV はドイツの Autounion（現代のアウディ）からの技術供与を活用して自動車を生産、1960 年代後半にはイギリスの BMC（British Motor Company）からも技術供与を受けた。そして 1973 年からはルノーの技術供与も受けて国内市場向けにさまざまなルノーモデルの車を生産し供給した。

その結果、IMV はルノーと長期的な関係を構築することができた。IMV は 1988 年にルノーと共同出資し Revoz を設立した。1991 年、ルノーは株式の 54％を取得、1993 年にルノーは「トゥインゴ」の生産を開始した。2004 年にルノーは株式取得比率を 100％に引き上げ、Revoz を子会社とした。また、ルノーはスロベニアで軽自動車やコンパクトカー（例：「クリオ」、「トゥインゴ」）を生産、欧州や北アフリカに輸出し、その輸出比率は 2012 年に 98.35％、2013 年には 98.36％に達した。

　また、部品産業についてみれば、海外 Tier1 サプライヤーの数は少ない。GKN 及び Hella、ジョンソンコントロールスがスロベニアで生産しているが、ルノーは様々な部品を輸入している。現地部品企業の技術能力は低いが低価格部品を生産し、イタリア及びドイツ、オーストリアに輸出している。スロベニアのナンバーワン部品企業は TAB であるが、同企業は自動車用のバッテリーを生産する。しかしスロベニアの自動車部品の貿易収支は赤字になっている（Frigant/Miollan 2014: 20）。

3-5　ルーマニア

　ルーマニアは西ヨーロッパにおける自動車産業の中心地から距離があるため、海外直接投資も他国と比べて流入していない。ほとんどの中欧諸国は 2004 年に EU に加盟したが、ルーマニアはブルガリアとともに 2007 年に加盟した。ルーマニア経済は長期間不振に陥っており、自動車産業も同様である。ここでは、ルーマニアの国営自動車企業であるダチアとオルトシトの冷戦後の状況を概観したい。

　まず、ダチアはルーマニア政府の長期間に亘る投資企業誘致の末、1999 年にようやくルノーが投資、買収した。だが、ダチアを活用したルノーの低価格車戦略は成功を収める。EU で最も賃金の低いルーマニ

アで、旧式プラットフォームを用いて、大衆車を生産するという戦略が功を奏したのである。リーマン・ショックとそれに続く不況期においても、欧州でダチア車の人気は衰えなかった。さらに、欧州の最東端トルコ、さらにはマグレブ諸国(リビア、チュニジア、アルジェリア、モロッコなどの地中海よりの北西アフリカ諸国)においてもダチア車の販売は好調であった。ルノーにとっては予想外の成功であったが、モロッコのタンジェに工場を新設したことは、この「ダチアモデル」の再現を意図したものである。

次にオルトシトをみておこう。オルトシトに関しては冷戦期からシトロエン・グループに属していたが、シトロエンは1991年に同社を売却した。オルトシトはコライオワ工場を有していた。ルーマニア政府は新たな投資先企業を探し、韓国の大宇が買収した。しかし、大宇は買収直後に破産し、生産にすら至らなかった。大宇の自動車部門を買収したのはGMであるが、GMはオルトシトを継承しなかった。

2007年、フォードがようやく同社を買収したのである。フォードはそれまでロシア、ベラルーシでも生産を行っていた。だが、2007年のルーマニアのEU加盟により他の自動車メーカーが非常に低廉な賃金を活かそうと、相次いでこの国に進出したことを受け、オルトシトを買収したのである。フォードは2012年から、コンパクトバン「Transit Connect」の生産を始めたが、このモデルはトルコで生産した部品をCKDしたものである。ただし、2012年の生産開始以降、ミニバン「B-Max」の需要は停滞しており、毎月定期的に生産停止を行わざるを得ない時期もあったのである(「ロイター」HP、2014年11月20日)。

関連して自動車部品企業の動向を見ていくならば、フォード向けの部品企業がルーマニアに進出、コライオワ工場の近くにはIACが工場を設けた。同工場は「B-Max」のインストゥルメンタル・パネル及びストレージシェルフ、ヘッドライニング、ドアトリムを生産している。ま

た、工場内にはマグナ及びジョンソンコントロールズが工程を有している。マグナはフロントバンパー、リアバンパー、ジョンソンコントロールズはシートを生産しているのである。なお、ルノー向け部品企業も合計 26 社がルーマニアに進出している（van Tvijl：2013）。

　以上、中・東欧の自動車・部品企業の動向を分析した。冷戦体制崩壊以降、この地域の自動車・部品企業は、EU 経済圏の一環に組み込まれ、そのカーメーカーの部品供給基地として、また VW やルノーなどの生産体制の一環に組み込まれて再編成されてきたことが判る。そうしたなかで、中・東欧各国はそれぞれの歴史的事情を反映した車生産を展開して現在に至っているのである。

おわりに

　以上、中・東欧の自動車・部品産業の概観を試みた。1990 年代以降社会主義経済から EU 経済圏の一翼に包摂されるに伴い、この地域は欧州自動車企業の周辺を構成する自動車部品産業地域へと変貌を遂げていった。そうしたなかで欧州自動車企業の地域戦略に照応する形で、乗用車・商用車・同部品産業の集積地へと転換されていった。この地域が今後いかに転換するかは、欧州自動車企業の戦略に大きく規定されていく要素が大きいと想定される。

第4章
中南米の自動車・部品産業

第1節　ブラジルにおける日韓自動車・部品産業の実態

はじめに

　ブラジルは世界第8位の自動車生産大国であり、南半球の自動車生産国の筆頭に挙げられる。この国が注目されるのは、資源依存、政治不安があるとはいえ、2億を越す人口と日本の6倍の国土面積、そして豊富な天然資源を有し、一人当たりGDP4,500ドルを記録、現在モータリゼーションの真っ只中にあるからである。世界の自動車・同部品企業が耳目を集める理由もそこにある。ブラジルの自動車産業は、その市場の75％がフィアット、VW、GM、フォードの4社によって占められていることに象徴されるように欧米独占型市場であり、したがって本節で扱う日本及び韓国企業は、必ずしもマジョリティを占めるものではない。しかし、2010年以降日韓両国自動車企業ともにブラジル市場への進出を積極化させていることから、部品企業も進出の動きを活発化させている。

　本節では、1. ブラジル自動車・同部品産業の歴史と現状、2. グローバル自動車部品企業のブラジル進出、3. ブラジル政府が打ち出した「INOVAR-AUTO（自動車産業振興に関わるイノベーション・科学技術・裾野産業振興プログラム）政策」の内容と特徴、4. これに対する日韓自動車・同部品企業の実情を検討してみることとしたい。なお、1～3に関しては、その多くをUgo Ibusuki（2012）、Barreira Gerbelli、Milena / Ugo Ibusuki（2015）に依っている。

1 ブラジル自動車産業の歴史と現状

1-1 ブラジル自動車産業発展史

　ブラジルの自動車産業は、今から半世紀以上前の1956年に就任したクビチェック政権が掲げた重化学工業化計画の「メタス計画（METAS）」に始まる。同計画は、完成車輸入の禁止や部品国産化率90％を掲げるなど、徹底した国内産業保護政策を実施、外資導入を図りつつ輸入代替産業を推進させるものであった。この計画と前後する形で、ドイツのVW（1953年）、ダイムラー（1956年）、アメリカのフォード（1957年OEM事業開始）やクライスラー（1966年）、イタリアのフィアット（1976年）、そして、日本のトヨタ（1952年）がブラジルへの進出を果たした。なお、GMは他社に先駆けて1925年から現地生産を開始していた。急速な工業化はインフレを招いたものの、1964年には軍事独裁政権が誕生、引き続き外資を呼び込み、輸入を増加させることによってブラジル経済は急回復を遂げた（「VW」HP,「Daimler」HP,「FORD BRASIL」HP,「JETRO」HP, 2010年,「FIAT Brasil」HP,「トヨタ」HP）。

　しかし、1970年代に入ると、オイルショックに直面し、それまで好調だったブラジル経済は再びインフレ傾向に苛まれ、自動車産業も停滞の時期を迎えた。そのような折、政府は1975年に「国家アルコール計画（プロアルコール計画」を打ち出し、ガソリン代替燃料としてサトウキビを原料とするエタノール油の利用を促進した結果、1985年には全販売台数の85％をエタノール車が占めるようになった。ところが1990年代になると石油価格が安定し、サトウキビ価格が上昇、「プロアルコール計画」が見直され、エタノール車は大幅に減少した（「独立

行政法人農畜産業振興機構」HP，2012年9月10日）。

　一方で、従来のガソリンとエタノール油を混合した燃料の販売は継続され、2000年代に入ると、再びエタノール燃料が脚光を浴び始めた。2003年にはガソリン、混合燃料、エタノールの3種類の燃料を利用できるフレックス燃料車（Flexible Fuel Vehicle、以下FFV）開発を政府が推進、税制面での優遇を行った結果、2009年以降は総新車登録台数の92%がFFVとなり、世界のエタノール市場の約70%をブラジルが占めるまでに成長を遂げていった（西島，2010）。

　また、燃料分野以外の具体的な国内自動車政策としては、1992年から1993年にかけて、政労使が共同で自動車に対する減税と投資、雇用の拡大を推進した。加えて、政府は、排気量1,000cc、700米ドル以下の低価格大衆車の生産を盛り込んだ「大衆車計画」を発表し、輸入車にも70%という高い輸入関税を課していたが、自由化が進められた後で、それは撤廃された。

　ブラジルは、1980年代から1990年代にかけて、債務危機やたび重なるインフレの加速により、経済活動が低迷、日本を含む海外からの投資が減少していった。しかし、1990年代後半から2000年代前半にかけて、経済復活の兆しが見え、著しい成長が見込まれるようになるにつれて、それまで進出していなかったホンダ（1997年）、三菱（1998年）、フランスのルノー（1998年）（同拠点で日産ブランド車も生産）やPSA（2001年）が、生産拠点を構えるようになった。韓国企業に関しては、日欧企業に遅れ、現代が2007年に同国の自動車販売会社CAOA社と共同でCKD生産工場を建設し、小型トラックの生産を開始した。その後、2012年にブラジルで最初の自社保有組み立て工場が操業を開始し、小型ハッチバックタイプのFFV車生産を開始した（土橋，2014）。

1-2　メルコスール誕生以後のブラジル自動車産業

　1995 年、ブラジルをはじめ、近隣南米諸国のアルゼンチン、パラグアイ及びウルグアイが加盟したメルコスール（Mercosur、南米南部共同市場）の誕生によってブラジルの自動車産業は大きな転換期を迎えた。それまで、ブラジルは保護的且つ閉鎖的な市場であったが、メルコスールに加盟したことによって、自動車産業の自由化が行われた。メルコスール加盟諸国は、域内共通関税、インセンティブ廃止、域内製品の認定方法を定めた「共通自動車政策」を 2001 年 2 月に正式施行した（なお、同政策では加盟各国の認定基準や税率を巡る対立が生じ、特にブラジルとアルゼンチンは、2006 年を期限とする条件付きとなった。域内共通関税率は、乗用車、商用車、シャシー、（CKD 用）ボディーが 35％、自動車部品が 14％ から 18％ となっている。域内調達率が 60％ 以上を超えた製品がメルコスール製品として認定される）。その後、2006 年 12 月から域内貿易が完全に自由化された。

　また、ブラジルは 2007 年にメキシコとの乗用車貿易を完全自由化する二国間自動車協定を締結した。メルコスールに加え、近年自動車産業において競争力を確実に増しているメキシコからの自動車輸入が増加、特にメキシコに進出した日系企業が製造したメキシコ産乗用車の輸入が増えた結果、2011 年には同協定が締結された 2007 年比で輸入量が約 4 倍（金額にして 20 億ドル）に増加した。そこで、ブラジル政府はメキシコ政府と協議を実施した上で 2012 年 3 月には協定の見直しが行われ、2014 年までの 3 年間、メキシコからブラジルへの輸入額に上限額（2012 年 14 億 5,000 米ドル、その後毎年 1 億ドルずつ引き上げ、2015 年以降は上限撤廃）を設けた。

　近年、ブラジルでは低価格を武器にした中国や韓国からの輸入車が激

増している。そこで、ブラジル政府は、2011年から2012年末にかけて、輸入車を対象とした工業製品税（IPI）を従来の7〜25%から37〜55%へと約30%引き上げると共に、ブラジルで現地生産されている車にもメルコスール域内で生産された部品を65%以上使用することを義務付け、この条件を下回る場合には現地生産車も2012年4月から2017年末までの5年間、輸入車と同等に扱うと表明した。その結果、輸入車の価格が平均して25%から28%ほど値上がりしており、このような政府の方針は、中国や韓国の企業にとって深刻な課題となっている（「マークラインズ」HP，2012年4月27日）。

1-3　ブラジル自動車産業の現状

ブラジルの自動車生産台数

2014年のブラジルにおける自動車生産台数は、図4-1にみるように乗用車231.4万台、商用車（ピックアップトラック、小中型バン含む）83.1万台の計314.5万台で、中国、アメリカ、日本、ドイツ、韓国、インド、メキシコに次いで世界第8位である。また、ブラジルで生産された自動車は国内販売のみならず、メルコスールを中心とした近隣諸国向けを中心に輸出も行われており、その台数は33.4万台と全生産台数の約10.6%であった（「マークラインズ」HP，2015年1月9日）。

ブラジルの自動車販売台数

「マークラインズ」によれば2014年の自動車販売台数は、前年比7.1%減の350万台であった。これは、ブラジル全国自動車製造業者協会ANFAVEAの発表データを出典とするものである。図4-2で乗用車及び商用車を合わせた企業別販売台数順位を2015年のデータで見ると、第1位がイタリアのフィアット・クライスラーで48.3万台（19%）、

図4-1　ブラジル自動車産業の生産台数推移（2006-2014年、単位：万台）

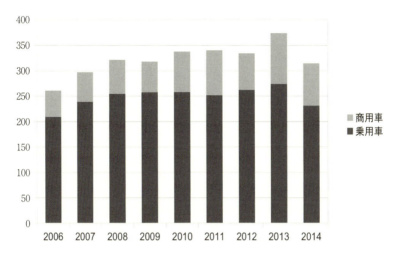

出典：OICA PRODUCTION STATISTICS 2006〜2014

次いでアメリカのGMが38.8万台（16％）ドイツのVWが37.7万台（15％）、アメリカのフォードが25.4万台（10％）となっており、上位4社によって、総販売シェアの約60％を占めている。

一方日本企業では、販売台数第5位にルノー・日産が24.3万台（10％）、第6位にトヨタが17.7万台（7％）に、第8位にホンダ15.3万台（6％）、第10位に三菱4.1万台（2％）の順になっている。韓国企業は、第7位に現代起亜で16.4万台（7％）である。

また、中国企業も販売台数を増加させており、第14位、第15位にそれぞれJAC（江淮汽車）が1.8万台、Chery（奇瑞）が1.4万台、第18位にHAFEI（哈飛汽車）0.8万台の順となっており、中国系3社の合計販売台数は4.1万台にまで増えている（JETRO「2012年　世界主要国の自動車生産・販売動向」2013年）。

2 グローバル自動車部品企業のブラジル進出

2-1 1950年代のブラジル自動車部品産業誕生からINOVAR-AUTO、メルコスール誕生まで

1956年の「メタス計画」以降、アメリカ、ドイツ、イタリア、日本の自動車企業の進出とともに、欧米の大手自動車部品企業を中心としたブラジル進出が相次いだ。このように、早い段階でブラジル進出を図ったのは、自動車生産において使用する部品の国産化率が90%以上でなければならず、自動車企業に随伴して必然的にブラジルへの参入を余儀なくされたという理由がある。以下では、グローバル部品企業を中心に具体的な進出の動きを見ていきたい。

アメリカ最大の部品供給企業、デルファイの前身であったGM子会社は、ブラジル自動車産業が成長期を迎える以前の1942年にブラジル進出を図り、ブラジル自動車部品産業に多大な功績を残している（JETRO, 2010）。特に、同社の技術で脚光を浴びたのが、「プロアルコール計画」下におけるエタノール燃料エンジンに対応する関連製品の開発・生産である。後にエタノールとガソリンの混合燃料を用いる各自動車企業が発売するFFV車の25%に同社製品が採用されており、現在までも不動の地位を保っている。また、ブラジル市場に適合した部品作りの為に、GMに加え、フィアット、VWは車体の開発設計まで十分に行える水準の高い現地研究開発体制を具備している（土橋、2014）。

同じくアメリカの部品企業であるイートンは1957年に進出し、主力製品のエンジンバルブを同国の自動車企業であるGM及びフォードのみならず、VWやフィアットなどのヨーロッパ企業にも供給し続けている。また、バッテリーやその他電子制御部品を供給するジョンソン

図 4-2　ブラジル自動車販売台数シェア（2015 年）

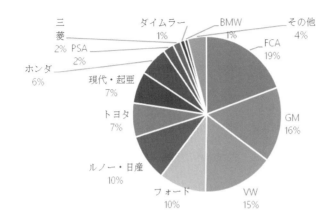

出典：ANFAVEA（2016）

コントロール社、そして、VW、フィアットやフォード向けに自動車用シートを生産するリアなどがブラジルに工場を保有している（JETRO, 2010）。

　ヨーロッパの自動車部品企業では、ドイツ系を中心に 1950 年代以降進出が活発化した。このうち、ドイツ最大で世界的にも売り上げ規模で第 1、2 位を争うボッシュは、1954 年にブラジルへ進出し、製造・販売拠点数も 10 カ所以上保有、従業員数も 9,700 人以上に上る。デルファイと同様で現地に研究開発拠点を併設し、147 万 4,000 レアルを開発費として投じている（「Bosch Brazil」HP）。また同社は、イタリアの部品企業、マニエッティ・マレリとブラジル国内で共同開発を行い、FFV車に搭載されるエンジン部品の生産を行っている（「Magneti Marelli」HP, 2012 年 12 月 10 日）。

　他にドイツの総合部品企業では ZF が 1958 年から自動車用タイヤ、ブレーキ部品メーカーのコンチネンタルも VW、メルセデス・ベンツ

やフィアット、フォード向けの生産を行っている（「ZF Friedrichshafen AG」HP）。

こうした動きに対する日本の自動車部品企業の本格的なブラジル進出は、欧米メーカーと比較すると後発組であるといっても過言ではない。

日系自動車メーカーの動きを見ていくならば唯一、トヨタが1957年からブラジルで本格的な生産を開始していた。当初は日本から生産用部品を輸入していたものの、海外からの部品輸入が禁じられ国産部品の使用が求められた結果、トヨタは内製品の使用と同時に、ブラジルメーカーへの外注やメルセデスからのエンジン供給で生産を継続してきた。それゆえに、系列並びに外部部品メーカーの進出が遅くなったと考えられる。日本最大で、かつドイツのボッシュと並ぶ世界最大手の部品メーカーのデンソーも当地では、アフターマーケット用エアコンの輸入販売を1975年に手がけたのが始まりである。しかし、後に外貨制限により輸入が制限され、現地生産を余儀なくされた。そして、1980年にようやく現地生産が開始され、トヨタを中心とする部品供給が開始されたのである。

他の日系自動車部品メーカーの動向についてみれば、多くの日系自動車メーカーは1990年後半から2000年前半にかけて、ブラジルに現地拠点を設け、主に日系自動車メーカー向けに部品供給を行っている。一方で、デンソーや矢崎ブラジル（1995年進出）に代表される、比較的早い段階でブラジル進出を果たした企業は、日本メーカーのみならず、GM、フォード、PSAやメルセデス・ベンツ等の欧米自動車メーカーへの納入実績もあり、今後は他社拡販の動きも注目される。

また、日系企業の特徴的な動きとしては、2008年にトヨタ子会社の車体メーカーである関東自動車工業が、トヨタ系の総合商社である豊田通商と共同でブラジルへ進出した。同社にとってブラジルは初の海外拠点であり、プレス加工や足回り品を生産しトヨタ向けに生産するほか、

将来的にはGMなど他社への供給も検討している。

韓国メーカーは、現代によるCKD生産に留まっていたが、INOVAR-AUTOが施行されたことにより、韓国からのCKD用部品に対しても増税が見込まれることから、同社は2012年に本格生産が可能な現地工場を立ち上げた。現代の進出と同時に現代モビス、現代ハイスコや万都、韓一理工などの韓国部品企業がブラジルへ進出、グループ企業並びに関連企業が一体となってブラジルにおける現代の生産活動を支援していく体制が作られつつある。

2-2　メルコスールの誕生

自動車部品生産においてメルコスールの誕生は、ブラジルにおける部品生産を促進すると同時に、より安価な製品がパラグアイやウルグアイから輸入されることによって、国産部品との競争を発生させる恐れも含んでいる。

ブラジルからは、メルコスール向け及びヨーロッパ向けに自動車部品の輸出が行われている。特に、ブラジルとメルコスール間の貿易は基本的に無税で行えるため、欧米日の大手自動車部品メーカーが揃ってブラジルを南米市場における生産の中央拠点としている。また、大手自動車メーカーも自由貿易体制を生かした分業体制を構築しており、例えば、トヨタ自動車はブラジルで生産した部品をアルゼンチンに輸出し、同国においてIMVシリーズのピックアップトラック「ハイラックス」や同車ベースのSUV車「SW4」をブラジルに輸出している。ドイツのVWもCKD用キットや、その他の主要部品をアルゼンチン向けに輸出している。

ブラジルの自動車部品輸入に関しては、労働集約的部品を中心にパラグアイなどブラジルよりも人件費の安いメルコスール諸国からの輸入が

増加している。例えば、ワイヤーハーネスの生産シェア世界一の日系自動車部品メーカー矢崎は、2013年9月パラグアイに工場を新設、ブラジルからパラグアイに輸出した材料を組み立てたのち、再びブラジルの自動車メーカー向けに部品を輸入するという計画を推進した（「YAZAKI INFOMATION」、2014年4月）。

3 「INOVAR-AUTO」政策の内容と特徴

3-1 「INOVAR-AUTO」の誕生

「INOVAR-AUTO」は、2012年4月に法令によって定められたが、ブラジル国内における自動車産業の更なる育成を目的としたものである。これは、部品の現地調達率の向上、現地開発の推進、環境に配慮した低燃費車生産の促進などの具体的な数値や条件を明示し、工業製品税（IPI）税率の減税を目的とした政策である。同政策は、2017年まで実施される見込みであり、今後のブラジル自動車産業の方向性を位置付ける政策と言える。

現在、ブラジルでは全ての自動車に一律30%のIPIが課されている。この上で、同政策は、上限30%というポイント制を用いることでIPI税率の増減を判断しており、政府要件を満たす車に対しては、履行状況に応じて減税処置がなされる制度である。大手自動車メーカー及び部品メーカーは、既存の自動車政策よりも格段に厳しいルールが提示されたことによって、ブラジル国内の生産拠点の拡充や新規展開を余儀なくされている。以下では各企業の動向を踏まえて、「INOVAR-AUTO」の概要及び特徴と問題点についても述べていく。なお、「INOVAR-AUTO」の記述に関しては、基本的にUgo Ibusuki（2012）およびBarreira Gerbelli, Milena/Ugo Ibusuki（2015）に依拠している。

3-2 「INOVAR-AUTO」の概要

「INOVAR-AUTO」は、1. 自動車や関連部品開発に対する投資　2. 自動車や関連部品に対する設計等のより基礎的な技術開発への投資　3. ブラジル国内における製造工程の現地化条件　4. 低燃費、省エネ車の生産を適合条件としており、以上4項目の内、少なくとも3項目以上の基準を満たしていなければならない。また、具体的な目標や達成数値については、「INOVAR-AUTO」政策が発表された翌年の2013年から同政策が終了する予定の2017年に掛けて、段階的に引き上げることとされた。なお、既にブラジル生産において域内調達率65%以上を達成している企業に対しても、今後は調達率に応じてポイントの増減が行われる予定である。

より詳しく見ていくと、項目1では、2013年時点で総売上高の0.15%、2017年には0.5%を研究開発費に投資すること、項目2についても、同じ2013年から2017年までに基礎的な技術開発に講じる為の費用の投資額を0.5%から1%に引き上げなくてはならない。項目3に関しては、乗用車・商用車製造工程において、2013年には12工程中8工程であったものを2017年には12工程中10工程をブラジル国内で行わなければならないと明記されている。項目4においては、新興国のブラジルが直面する環境問題への対応や原油価格の高騰を見据えて、燃費効率を2017年までに2012年比で12%向上させることを義務化した。また、省エネ車開発により2012年比で19%以上の燃費効率の上昇を達成したモデルには、30%の上限に加えて2%のIPI減税ポイントが加算される方式が組み込まれている。

3-3 「INOVAR-AUTO」の現状と課題

　以上のように、ブラジル政府がより高度な自動車開発技術の蓄積、自動車裾野産業の拡大並び環境に配慮した「クルマづくり」に対し積極的であることが明らかになった。

　同時に各国の自動車企業やそれに付随する自動車部品企業は、BRICsの一角をなすブラジルの経済発展と自動車市場拡大を見据えた販売戦略を実行するため、またブラジル政府の厳しい現地化基準に対応するためにこれまで以上に現地生産拠点の新設を行う動きが相次いで見受けられている。

　このうち、特にブラジルでの生産に意欲を燃やすのが中国及び韓国企業である。中韓企業は、低価格を武器に急成長し、今や日本企業と同程度の販売量に迫る勢いである。しかし、「INOVAR-AUTO」政策による国産化が推進され、輸入車が排除される傾向にある中で、両国の自動車企業もブラジルでの現地生産を余儀なくされる状況となっている。

　中国企業では、Chery（奇瑞）、JAC（江淮）が近年進出、現地調達率を向上させている（「日本経済新聞」HP，2011年11月16日）。韓国企業の現代も、2012年に新工場での生産を開始した。我々が2013年3月に現地を訪問したときに、現代自動車のサプライヤーパークにはすでに6社の自動車部品企業が同社とともに随伴進出し、その他の地域にも2社進出していた。

　ただし、自動車企業は「INOVAR-AUTO」プログラムの実施過程が不明瞭であるという不満を持っている。加えて、高度な技術の導入は価格を押し上げる要因にもなる。これにより、不景気により減少していたブラジルの自動車販売台数は一層減少することも懸念される。

4　ブラジル進出日韓自動車・部品企業の実情

4-1　日韓自動車メーカーの動向

トヨタ

　トヨタがブラジルに進出したのは、1952年のことであった。当初は主に、CKD生産でトラックを生産していた。1956年に日本からの部品輸入が禁止された為、国産化に切り替えるべくランドクルーザーの生産を行った。1962年、元々イギリス・ローバーから買収した工場から、新たにサンベルナルドの新工場に移転、「ランドクルーザー」（「バンデランテ」）の生産を開始した。1970年代になると、低効率を克服するため、それまでの外注製品を内製化するなど、生産効率の向上を図った。その後、1998年に「カローラ」のCKD生産が開始されたが、市場の低迷によって生産は大幅に落ち込んだ。2002年以降は本格的な現地生産を開始したが、市場占有率は3％に満たなかった。

　そこで、2007年に「カローラFFV」の生産を開始し、2012年には成長するブラジル市場を見込んで、インド向けに開発された「エティオス」の投入を決定、「INOVAR-AUTO」の適用を視野に入れ、現地生産に乗り出した。この間、1998年にはインダイアツーバ工場（「カローラ」生産）、2012年8月にソロカバ工場で「エティオス」の生産を開始した。それと同時に、トヨタは後述するように「エティオス」用部品供給を目的にサプライヤーのブラジル進出を促進した。

ホンダ・ブラジル

　ホンダは1976年にブラジルでの2輪車生産を開始、1997年にはスマレに工場を立ち上げて4輪車生産を開始した。現在約3,400人の従

業員がおり、日本人駐在員は50名を超えている。周辺にはサプライパークがあり、八千代工業やミツバ、ボッシュなどが拠点を構えている。2交代制で、「フィット」、「シティ」、「シビック」などを生産している。スマレ工場は、2011年には東日本大震災やタイの洪水などで部品が納入されず生産が減少したが、2013年には14万台を記録している。ホンダのサプライヤーは合計138社で、内訳は子会社6社、資本参加19社、欧州系43社、北米27社、ブラジルの地場メーカー43社となっている。また部品別でみてみると完成品44社、電装部品21社、樹脂部品27社、プレス部品18社、素材21社、パワートレイン系87社となっている。部品の内訳を現地購入品と輸入品で分けた場合には、おおよそ現地購入額が1,000億円、輸入額が1,000億円といった状況である。輸入額1,000億円のうち、50％以上は日系、30％が北米系、20％が欧州系で現地企業からの調達はわずかである（2013年3月の現地調査ヒヤリングに依る）。

　ホンダブラジルの主力車種「シビック」を例にとれば、50％は現地調達で、25.5％が日本、14.5％が北米である。部品別の現調率を見ると、ボディ75％、足回り36％、外装61％、インテリア64％、パワートレイン14％で、重量物や技術度の低い労働集約的部品は現地調達率が高くなるが、足回り部品やパワートレイン系は現地調達率が低くなっている（同上）。

　ブラジルでの競争力の源泉ともいうべき現地開発力を見るために、ブラジル自動車大手ビッグ4のうちVW、フィアットを取り上げて、ホンダと比較してみることとしよう。VW、フィアットはともにブラジルでの生産台数は本国であるドイツ、イタリアのそれを大きく凌駕している。VWの生産台数は、中国、ブラジル、ドイツの順であり、フィアットはブラジル、イタリアの順番となっている。ホンダのブラジル生産の比重とは著しく異なるのである。それを反映して研究開発要員の数も

VW、フィアットのそれは断然多く、両社ともに1,000人を上回る規模である。

　それと比較するとホンダは数年前までは30名前後であったが、2013年には100名を超えた。しかもVW、フィアット両社は、小幅なモデルチェンジで対応しており、部品の共通化を積極的に推し進めている。したがってフィアット各車の現調率が90％を超えるのに対して、ホンダは前述したように50％と低い。今後の対応策としては、開発政策の現地化、2輪車との併用による販路の拡大などにより廉価車の生産増を目指す必要がある。とはいえ、現状では現地サプライヤーの活用は困難な面が多い。それは労賃材料費が高いため、競争力があるローカルサプライヤーを見つけることが困難だからである。したがって、現調率の上昇という課題は、これからだと言わざるを得ない（Ibusuki, 2012）。

　ホンダはブラジルでの生産を増強するために2015年を目途にサンパウロ北西のイチラピナ市に新工場建設に乗り出した。年生産規模は約12万台で、スマナ工場と合わせると約24万台で倍増ということになる。新工場では主力小型車「フィット」などを生産する計画である。予定されている従業員数は約2,000人である。今回、ブラジル新工場での「フィット」の生産は、ホンダが進める世界6地域での同時開発体制の一環に組み込まれて進められている。現地最適図面を各地域の拠点で設計するために現地開発要員を一気に200名程度に増加させる予定だといわれる。

現代自動車

　2013年時点で、ブラジルには韓国自動車企業1社（現代自動車）、サプライヤーパークに入居している企業6社と、その他地域に2社進出している。現代自動車は、1999年に地場の大手自動車販売会社であ

るCAOA社と販売契約を結び、韓国から輸入した主力セダン「ソナタ」、小型セダン「アバンテ」、小型ハッチバック「i30」、SUV及び小型トラックの販売を行ってきた。2007年にはCAOAと共同でCKD生産工場を建設し、小型トラックの生産を開始した。同社はブラジルでの販売が好調に推移し、市場シェアも日産を抜き、トヨタやホンダにも迫る勢いであった。だが、輸入車に対する関税が押し上げられ、車両販売価格も高騰するなど、現代にとって本格的な現地生産開始が急務となった。具体例をあげるならば、ブラジルでは輸入車に35％の関税など合わせて40％ほどの税金をかけている。これらの諸税金、手数料を合算すると、韓国では2,000万ウォンもしない「アバンテ」はブラジルでは4,300万ウォンまで価格が上がっている。2011年ブラジルで「i30」を前年比125％増の3.6万台を販売し、準中型クラスではそのシェアがトップとなったが、ブラジル市場全体でのシェアは2.4％と第10位にとどまった（「中央日報」、2012年11月12日）。

　上記のような税制問題を克服するために、現代自動車はブラジルで直接生産することにより価格競争力を確保する必要があった。そこで、2008年に現地工場建設計画を打ち出し、2012年9月に小型ハッチバック車「HB20」の生産を開始した。この「HB20」は、現代が韓国やヨーロッパ市場で販売している「i20」をベースに開発され、ブラジルの消費者の好みに合わせたデザインが反映されると同時に、道路事情を考慮して車高を上げ、エタノールとガソリン混合燃料対応エンジンを搭載するなど徹底した「現地化」が施された。また、同モデルの派生車種としてセダンやクロスオーバーモデルも展開され、2013年1月には「HB20」のSUVモデル「HB20X」を、さらにその数ヵ月後は「HB20S」を発売した。「HB20」は、2013年には「ブラジルカーオブザイヤー2013」を受賞した。「HB20」はサンパウロの現代自動車展示場1ヵ所だけで1ヵ月間に650台の契約が結ばれるほど人気を呼んでいる。現地で

ディーラーを回る機会があったが、現代自動車の販売店には顧客が大勢訪れ盛況であった。現時点で、現代ブラジル工場での生産車種は、同モデルとその派生車種のみであるが、今後の生産拡大が注目される。同社は、ブラジル工場をアルゼンチンなど周辺国への供給基地としても活用する計画を打ち出した（「中央日報」、2012年11月12日）。

ここで一つ注目すべきことは、現代自動車の場合基本的に20万台の生産から始めるが、ブラジルでは珍しく15万台から生産をスタートさせたという点である。ただ、市場状況によっては生産台数を引き上げていくと我々は考える。我々がインタビューしたサプライヤーパークの入居企業数社も、当分は現代自動車の15万台分の部品を供給するが、生産台数が引き上げられれば、部品の生産能力を合わせて拡大できるように備えていると答えた（2013年3月現地調査に依る）。

4-2　日韓自動車部品メーカーの動向

日系自動車部品企業の動向

　トヨタ系の部品メーカーの動きを中心に日系自動車部品メーカーの動向を見ておくこととしよう。まず、デンソーは電装品の生産を行う会社で、ブラジルには6つの工場を持っている。うち1拠点はアマゾン川中流のマナウスにあって2輪車用の点火製品の製造販売を実施している。他の5拠点はカーエアコン、コンプレッサー、ラジエターを生産するクルチバ工場を中心にサンパウロ周辺に展開している。クルチバ工場の操業開始は1980年で最も古く、以降マナオス工場の1994年がそれに次ぎ、他の3拠点はいずれも1990年代後半に立ち上げられた。こうした拠点展開の背景には、当初エアコン生産から始まったデンソーのブラジルでの活動に2輪車生産が加わったこと、ならびにエアコン需要の高まりのなかで、次第にシステムサプライヤーに成長していった

過程が存在する。こうした展開に大きな変化をもたらしたものが 2011 年のサンタバーバラ工場の新設、そして 2012 年の同工場敷地内におけるテクニカルセンター開設であった。この動きは、デンソーが南米の自動車市場拡大と部品需要増加を見越し、さらに南米市場仕様の部品開発の必要性の高まりと現調率の向上によって、「INOVAR-AUTO」への対応を急いだものと想定される（「デンソー」HP、2012 年 7 月 18 日）。

　同じくトヨタ系のアイシン精機の活動を見ておこう。アイシン精機はデンソーと並ぶトヨタ系主要部品企業である。ブレーキを除くボディ系部品、シリンダーヘッドを除くエンジン部品、トランスミッションなどを生産する。ブラジル進出は古く 1974 年にさかのぼるが、そのときは自動車部品ではなくミシン部品生産を目的にしていた。2003 年、サンパウロ州でドアフレームなどの車体部品の生産を開始し、「カローラ」用のドアロック、「ハイラックス」用のドア部品などを供給していた。さらにブラジルで販売する予定の「エティオス」用のシート、ドアフレーム用のプレス部品を供給するため、2012 年には同じくサンパウロ州に新工場を設立した。しかし「エティオス」の売れ行きが予想したほどではないことも手伝って、本格的稼動にはいたっていない。

　そして、トヨタ系の T 社は、各種スイッチ類の生産を行っている。2001 年にサンパウロ州進出、「カローラ」用のスイッチ部品供給を行った。だが、トヨタの「エティオス」生産と連動して新たな需要に応ずる必要が生まれたため 2011 年にはレバーコンビネーションスイッチ、パワーウインドウスイッチ、ホイールキャップなどを生産するため新たにサンパウロ州サンタバーバラに新工場を立ち上げた。しかしここでも「エティオス」の不振が響いて思うような生産体制には入っていない。

　同じトヨタ系でありながら豊田通商は燃料用パイプの曲げ加工を実施している。当社が所有しているのは 4 ラインだが、2 ラインは「カローラ」用で残りの 2 ラインは「エティオス」用である。チューブとプラスチッ

ク組み付け工程は将来現地化していく予定だという。パイプ材料は北米支給とのことであった。また、豊田通商100％子会社の豊田鉄工は「エティオス」生産のためブラジルに進出した企業で、鋼板をコイル状からフラットな形状に戻し、さらに適当な形状に切断し梱包する作業を行っている。元来が内製すべきものを担当しているという意味では、トヨタグループ全体の作業を請け負っている企業である。

トヨタの内装部品を担当しているのが関東自動車である。主に車体用のプレス部品を生産している。設立は2007年で生産開始は翌年の08年である。トヨタのサンパウロ州インダイアツバ工場へ「カローラ」外装部品を供給するために設立された。ところが2011年に「エティオス」のブラジル生産が決定されるに伴い、トヨタのソロカバ工場に近接して新工場が設立された。2012年8月に操業を開始した。

トヨタの関東自動車が外製品を生産しているとすれば、その内装品を担当しているのがトヨタ紡織である。トヨタ紡織のブラジル工場が建設されたのは2007年8月で生産開始は2012年9月である。設立と生産開始に時間差があるが、この会社はトヨタの「エティオス」用に生産を開始した。トヨタ紡織90％、アイシン精機10％の出資で設立されたが、ほぼ内製品全般を担当している。もっとも「エティオス」がインドで開発されたこととも関連して、エアクリーナーはインドから供給されている。現調率は80％に達する。

トヨタ系ではないが、密接な関係を持っているのが、ワイヤハーネスの矢崎ブラジルである。矢崎ブラジルのブラジル進出は比較的遅く1998年のことであった。その後、ミナスジェライス州、イチラに工場を新設、コロンビアのボゴタ、チア両工場を合わせて南米には合計5工場を有することとなった。現調率は電線では80％、コネクターやターミナルで28％、チューブが55％、ゴム製品が30％となっている。

なお、トヨタは2015年1月末に、ブラジル・ソロカバ工場の生産能

力を、約45億円を投資して、2016年初めを目途に7.4万台から10.8万台へ増強することを決定した。この生産能力増強はブラジルにおける「エティオス」の需要増に対応するためのものであった（「トヨタ」HP、2015年1月30日）。この決定を受け、ブラジルのトヨタ系部品企業も踵をあわせて、生産能力増強を引き上げたと考えられる。

　2015年に入り、トヨタ、そしてホンダには追い風が吹いている。ブラジルの景気悪化により、低所得層が購買する小型車中心のラインアップであったフォード、VW、GMは2015年1〜7月において前年同期比でそれぞれ30％以上も販売台数を減らしたのである。一方、中間所得層上位が購買する乗用車を生産していたトヨタ、ホンダは前年同期比減を免れている（「日経産業新聞」、2015年8月27日）。

　2015年以降のブラジルの景気悪化には海外、国内双方の要因が影響を与えている。前者とは中国経済の不調により、同国向け輸出に依存していたブラジル経済も不振に陥ったということである。ブラジルが新たな輸出先を模索するとしても、アルゼンチン、ベネズエラも不況であり、またパラグアイ、ウルグアイは不況でなくとも市場は狭小である。そして後者とは、ブラジル与党労働党政権の主要メンバー達に汚職疑惑が発覚したということである。結果としてデルマ・ルーセフ大統領の求心力が弱まり、大統領は経済改革を推進しにくくなっているのである。

　とはいえ、2016年8月にブラジルで開催されるリオ五輪が景気の起爆剤になり、下層部の懐具合が好転するならば欧米系自動車企業が持ち直す可能性も否定できなかったが、好転の兆しは見えない。とまれ、これら日系2社には依然として徹底した現地化が求められていると言えるのである。

韓国自動車部品企業の動向
　前述のように現代自動車のサプライヤーパークに入居している企業6

社と、その他の地域に 2 社が進出している。現代のサプライヤーパークに入居している韓国自動車部品企業各社の取引先は 100％現代自動車である。これらの韓国自動車部品企業は、現代自動車のブラジル進出と前後して当地に進出した。

　和信はボディやシャーシ、バンパーなどのプレス部品を生産し、現代自動車に納入している。前身である和信産業の設立は 1969 年で、現在は国内 5 拠点、海外 4 拠点で、海外拠点の所在地はインド、中国、アメリカ、ブラジルである。世界全体で従業員は 3,500 名に達する。ブラジルには 2009 年 12 月に進出し、従業員は 264 名である。うち韓国人駐在員は 5 名で、管理、開発、営業、品質、生産をそれぞれ担当している。主要製品はプレス部品である。プレス溶接、ペイント部門を持っている。進出に当たっては 1 年間の製品引取り保証を受けていたが、それ以降はなんらの保証もない。Hy 社は、和信同様にプレス部品を生産するが、主にドア部品などを生産している。土地の無償提供ならびに税金減免を受けての進出であった。現調率は約 50％である。

　現代ダイモスは、韓国ではパワートレイン、シートなどを生産している企業で、現代の有力子会社のひとつである。現代自動車が海外進出する際に随伴進出する代表的企業のひとつで、世界部品メーカー売上高ではトップ 20 に入る企業である。ブラジル進出に際しては、2009 年に子会社を設立し、2012 年より生産を開始した。現調化を積極的に進めており、現調率は 90％に達する。韓国、メキシコから輸入する周辺部品などが残り 10％にあたる。

　韓一理化は韓国では、内装コンポーネント部品のトップ企業であり、2011 年に現代自動車から「ファイブスター」を受賞した。現代ダイモス同様、現代自動車の海外退出に随伴する代表的企業のひとつである。同社の主要製品には、ドアトリム、シートパーツにトータル・インテリア・システムがある。韓国の牙山に R&D センターをもっており、設立

時期も 1972 年 4 月と早かった。韓国内では蔚山、牙山に工場を有している が、ブラジルでは 2010 年に操業を開始している。2013 年 3 月時点でブラジルでの従業員は 210 名で、うち韓国人駐在員が 4 名である。4 名は会計、開発、購買、品質部門を担当する。開発要員は 9 名で、うち 8 名はブラジル人である。原材料は現地サプライヤーから調達し、パーツの一部は CKD で韓国から輸入している。現調率は 70％に達する。Ha 社は世界 7 ヵ国に 16 工場を、5 ヵ国の 6 ヵ所に R&D センターをもっており、従業員は 6,538 名、うちエンジニアは 196 名に達する。9 ヵ国の 16 社と取引しているが、ブラジルでの取引先は現代のみである。

独立系での代表的企業がブレーキ、ステアリング、サスペンション、インテグレーションシステムを担当する万都であろう。主な取引相手は現代自動車だが、GM をはじめとしてすべての自動車企業に供給している。これまで韓国からエアバックシステム、サスペンションを輸入していたが、ブラジルでエアバックシステム、サスペンション、ステアリングを生産するようになった。さらに日本の KYB 社と合弁でエアバックシステム、サスペンションを生産して現代自動車に収めるとともに、M 社は、独自でキャリパーと電動パワーステアリングの生産も行っている。

THN コーポレーションは 1986 年に設立されたワイヤーハーネス生産企業である。1996 年から古河電気工業と技術提携を行いジャンクションボックスの生産も開始した。主要取引先は現代自動車と現代モビスであり、それらに生産量の 90％を納品する。中国の瀋陽、青島、威海に進出しており、ブラジルには 2011 年に工場を設立した。2007 年に現代自動車より品質「ファイブスター」を受賞した企業でもある。

部品種類及び企業によって現調率は違うが、例えば樹脂部品生産企業の H 社の場合は、現調率 70％で輸入が 30％であった。原材料は韓国から輸入する。D 社の場合は、現調率 90％で韓国、メキシコからの輸入

が10％に達する。輸入する部品は主に小物部品ということであった。一方、ローカルコンテンツが5％以下の会社もあったので、現地調達は今後の課題になる。

おわりに

　以上、1. ブラジル自動車・同部品産業の歴史と現状、2. グローバル自動車部品企業のブラジル進出、3. ブラジル政府が打ち出したINOVAR-AUTO政策の内容と特徴、4. これに対する日韓自動車・同部品企業の実情の検討を試みた。ブラジル自動車産業は、現在間違いなく曲がり角に直面している。インフレ進行、レアル高による輸出低迷、全般的な景気後退、増税による自動車業界の落ち込みは、これまでにない深刻さを生み出している。これをどのように克服し、さらなる成長のステージを探し当て得るか否かが、その分水嶺となるであろう。我々は、今後もブラジル自動車産業に注目し続けなければならないのである。

第2節　メキシコ自動車・部品産業の現状と課題

はじめに

　中国に次ぐ世界第2位の自動車生産・販売市場であるアメリカに隣接するメキシコは、2013年以降アメリカの自動車産業の回復とともにその周辺生産地域として脚光を浴びてきているのである。2014年の自動車生産台数は約336.5万台（乗用車191.5万台、商用車144.9万台）で、世界第7位の位置にある。本節では、躍進目ざましいメキシコの自動車・部品産業の現状と課題をみておくこととしよう。

1　メキシコ自動車産業の現状

1-1　生産・販売・輸出入動向

　まず、メキシコの生産・販売動向を見ておこう。生産は、2008年のリーマン・ショックでいったんは減少したものの、その後2010年以降その生産を急増させ2014年には乗用車を中心に336.5万台に到達した。2014年の商用車生産が144.9万台だったことを考えれば、メキシコの自動車生産の主体はあくまでも乗用車なのである（図4-3）。
　次に販売台数をみてみると、リーマン・ショックでいったん落ち込んだ販売台数は、2010年以降増加傾向に転じているが、生産と比較すると販売はさほど急増してはいない。図4-4によると、2013年でみれば、

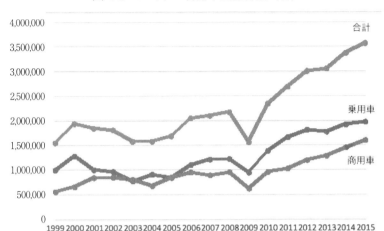

図4-3　メキシコ自動車生産台数（台）

出典：OICA（2016）

販売台数は、110万台であり生産台数305万台と比較すると3分の1程度である。つまりは、残りは輸出に回されているということになる。

　次に輸出動向をみてみよう。2012年度の数値だが、235万台と国内販売を大きく上回る。主要輸出対象国はアメリカとカナダ（輸出全体の80％）、他にアジアへの輸出も増加趨勢である（前年比25.2％増加）。この背景として、1992年にNAFTA（北米自由貿易市場）が創設されたことで、メキシコは関税面での優位性を獲得して急速に対米自動車輸出拠点となったことがあげられる。NAFTA創設以前からすでに乗用車の輸出拠点化していたが、1988年から1995年の間に自動車輸出シェアは2倍に伸びた。商用車も例外ではなく乗用車同様の伸びを示した。したがって、2017年に誕生した米トランプ政権のNAFTA見直しの動きが今後両国自動車産業にいかなる影響を与えるかは、注意深く見守るべき課題である。

図4-4　メキシコ自動車販売台数（台）

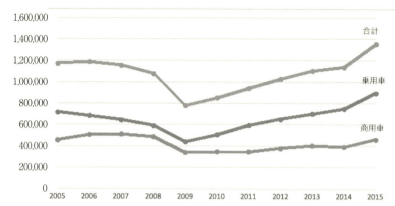

出典：OICA（2016）

1-2　メキシコの自動車産業の位置

　メキシコは世界第7位の自動車生産大国で、かつドイツ、韓国、日本に次ぐ世界第4位の自動車輸出国である。ＩＮＡ（全国自動車部品産業協会）によれば、2017年まで完成車生産台数は400万台にまで増えると予測されている。

　自動車メーカーからみたメキシコの魅力はその将来性にあると言える。2014年の自動車販売台数は117.6万台であるが、人口比などを考慮すればまだ潜在需要は大きい。そして、生産面では北米地域の20％廉価な人件費と高い生産性が大きな成長要因と考えられる。このような優位性を活かしてメキシコは北米でアメリカに次ぐ第2位の自動車生産国となったのである。

　またメキシコはアメリカと中南米との中間に位置するという地政的優位を生かして、アメリカとブラジル双方への自動車輸出国となっている。さらに40ヵ国を超える国とＦＴＡを締結、北・中・南米以外にも

表 4-1　日系完成車メーカーのメキシコ生産と輸出（台）

	ホンダ		マツダ	日産		トヨタ	
	生産台数	輸出台数	生産台数	生産台数	輸出台数	生産台数	輸出台数
2007	26,374	15,755	-	498,288	314,269	32,249	32,249
2008	51,253	34,037	-	449,447	281,039	49,879	49,879
2009	47,728	36,829	-	355,414	225,726	42,696	42,696
2010	55,001	41,121	-	506,494	344,246	54,278	54,278
2011	45,390	36,429	-	607,087	411,660	49,596	49,596
2012	63,256	39,737	-	683,520	467,338	55,661	55,661
2013	63,172	n.a.	-	680,278	n.a.	63,694	n.a.
2014	145,213	n.a.	101,769	805,967	n.a.	71,398	n.a.

出典：OICA（2014）

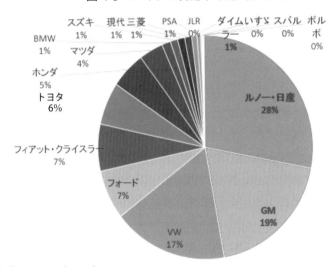

図 4-5　メキシコ自動車市場（シェア）

出典：AMIA（2014）

第 4 章　中南米の自動車・部品産業

輸出を増加させている。一方外資企業誘致にも熱心であり、進出企業に様々なインセンティブを提供している。

表 4-1 を見ればわかるように、日系自動車各社のメキシコ戦略には大きな違いがある。トヨタが全量輸出しているのに対して、日産とホンダはメキシコ市場向け生産に大きなウエイトを置いている。とりわけ日産は、2012 年で生産台数の 31.6％、ホンダは 37.2％をメキシコ販売に振り向けており、輸出拠点と位置付けるトヨタと異なる戦略をとっている。日産は、日系メーカーのなかではメキシコ進出時期が最も早く、急速に生産を増大させ、2012 年の日産の自動車生産台数は、アメリカにおけるそれにほぼ匹敵する。

したがって、メキシコ自動車市場におけるルノー日産のシェアは図 4-5 のように全体の 28％を占めて首位を走っている。これを追うのが GM で 19％である。以下、VW（17％）、フォード（7％）、フィアット・クライスラー（7％）、トヨタ（6％）、ホンダ（5％）、マツダ（4％）と続いている。

ではメキシコ自動車産業は、メキシコの国民経済にいかなる影響を与えているのだろうか。メキシコ全体で自動車産業に関連する雇用者数（直接、間接含めて）はおよそ 100 万人に上り（星野，2010）、同産業にかかわる企業数は 10,700 余社である。また、部品産業に従事する労働者数は、完成車組み立てに従事する労働者の約 10 倍である（Dussel-Peters，2012）。

2　メキシコ自動車産業の歴史的発展

外資系メーカーも含めてメキシコ自動車産業の歩みを振り返るならば、1930 年代に、GM とフォードが現地市場向け少量生産を開始した。1960 年代に入ると、クライスラー、日産と VW が主にメキシコ市場向

けモデルを生産する工場を開設した。1960年代から1980年代初頭にかけて、メキシコは輸入代替政策を推進し、各自動車メーカーに対して現地調達率の最低基準値を設け、海外からの投資にも出資比率制限を課すようになった。

　図4-6にみるように、当初、メキシコ自動車・部品産業はメキシコシティ周辺を中心に発展を遂げていた。生産規模は限られていたが、このような政策をメキシコ政府が推進したことが、自動車産業自由化後に結実することとなった。

　そして1980年代に入ると、メキシコは輸出志向工業化政策に転換し、投資制限は撤廃された。その結果、アメリカの「ビック3」を中心に対メキシコ投資が増加した。「ビック3」は当初、いわゆる「マキラドーラ」（メキシコに拠点を有する外国企業が低関税で部品等を輸入し、完成品を輸出することを前提にメキシコ国内で製品を最終組み立てする制度）を利用して、SKDやCKD生産を行ってきた。このようにして、メキシコ北部では米国向けの大規模な輸出加工区が出来上がった。

　また、「マキラドーラ」は自動車産業に限らず、アパレルや電子・電機産業でも多く用いられた。1994年にはNAFTA（北米自由貿易協定）が創設され、更なる規制緩和と関税削減が実行された。メキシコ自動車産業は一層の発展を続け、北米地域における小型車の生産拠点となってきたのである。

　メキシコの自動車産業が発展してきた要因として労働賃金の低廉さも看過できない。すなわち、メキシコにおける労働者の賃金水準は、中国のそれよりも低いのである（「The Boston Consulting Group」HP、2014年8月19日）。従って、各自動車企業にとってみれば、労働集約工程、低収益工程をメキシコに移管することには大きなメリットがある。

　このようにメキシコ自動車産業は低廉な労働コストを強みとして成長して来たが、メキシコの外資系企業に部品を供給する現地自動車部品企

業の技術力は向上している。勿論これらメキシコ自動車部品企業は多国籍自動車部品企業の傘下にあり、そこから脱却してグローバルな競争力を持つには至っていない。しかし、多国籍自動車部品企業でエンジニア、マネージャーとして経験を積んだ人材が独立し、自動車部品企業を設立、メキシコ自動車部品産業の競争力向上に貢献していることも確かなのである（Contreras et al.2010 & 2011）。

3　各国自動車メーカーの動向

　メキシコの自動車産業は、1980年代はメキシコシティ周辺に集中してきたが、その後アメリカ市場とのつながりを深めながら北上を開始した（図4-6）。

　そんな中で、日系企業が集中するのは、メキシコのなかでもメキシコシティより北に位置するアグアスカリエンテス州とグアナファト州である。アグアスカリエンテス州はアメリカ国境とメキシコシティの中間に位置する交通の要衝で、北米に完成車を輸送したり、逆に北米からの部品供給を受けるのに便利な位置にある。1983年7月、日産はここに生産拠点を設立した。1991年以降カルソニックカンセイをはじめとする日産系部品企業がこの地に進出しサプライチェーンネットワークを形成している。

　スペイン統治時代には銀山経営でその名を知られたグアナファト州はメキシコ北部にありVW、フォード、ホンダ、マツダが進出し自動車生産を行ってきたが、トヨタもこの地に工場を建設し、2019年から生産を開始することとなった。日系も曙ブレーキをはじめ2012年以降だけでも13社が進出を決定もしくはすでに進出し、操業を開始している。メキシコでトヨタはマツダとのコラボレーションを追求し、トヨタはメキシコ工場をTNGA実施の第一工場に指定している。2013年以降の

図4-6 メキシコ自動車生産拠点

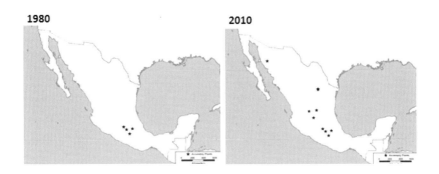

出典：Klier/Rubentein 2011

表4-2 完成車企業の生産投資

	新設工場操業年	ロケーション	投資（百万米ドル）	モデル	年産能力（台）
日産	2013年11月	アグアスカリエンテス州	2,000	「セントラ」	175,000
ホンダ	2014年2月	セラヤ、グアナフアト州	800	「フィット」	200,000
マツダ	2014年2月	サラマンカ、グアナフアト州	770	「マツダ2」,「マツダ3」	175,000
アウディ	2016年	プエブラ州	1,300	「Q5」	150,000
日産・ダイムラー	2017年	アグアスカリエンテス州	1,400	－	300,000
BMW	2019年	トルーカ、メキシコ州	1,000	「3/5/7-シリーズ」,「X5」	150,000
起亜	2016年5月	モンテレイ、ヌエボレオン州	1,000	－	300,000

出典：三井物産戦略研究所（2016）をベースに作成。

TNGA立ち上げの第一号を中国とメキシコに選択したトヨタの進出要因の筆頭が部品企業の集積だった。カナダからの「カローラ」生産移管で北米インデアナ、ケンタッキー両州の工場と並びアメリカ市場をにらむ中型車生産基地となることが計画されている。

また表4-2にみるように、近年においてはアウディ、BMW、起亜、日産、ダイムラーが工場の建設計画を有している。なかでも、起亜はメキシコ北東部ヌエボ・レオン州での工場建設をメキシコ政府と合意した。投資額は総額10億ドル（約1,040億円）であり、2014年9月に着工し、2015年末に操業を開始した（「メヒココンサルティング」HP、2016年2月8日）。年産台数は、最大30万台という計画で、「K3」のような中小型車を生産する方針である（「中央日報」、2014年8月28日）。起亜が進出したヌエボ・レオン州はメキシコ北部に位置し米国にも近いので、米国輸出における重要拠点となることは間違いない。北米自由貿易協定（NAFTA）により、起亜はメキシコで自動車を生産して北米地域に輸出しても、関税がかからないというメリットを享受できるのである。しかし、こうした思惑が米トランプ政権の出現とNAFTA見直しの動きでどう変化するかは予断を許さぬ状況である。

4　メキシコ・ブラジル関係

NAFTA以外では、メキシコは2003年にメルコスール（Mercosul）各国と自動車分野に関する経済補完協定を枠組み合意している。これによりメキシコはアルゼンチン、ブラジル、パナマ、ウルグアイといったメルコスール加盟諸国と個別に貿易自由化交渉ができるようになった。

ただし、メキシコからの完成車輸出に対しブラジル・メキシコ間で2012年に協定が見直され、2015年3月19日に撤廃されることとなったが、2015年3月16日には協定を延長することが決定された。この

直近の協議においては、メキシコからブラジルへの完成車無関税輸出枠が2019年3月19日以降に撤廃されることも取り決められた(「JETRO」HP, 2015年3月20日)。メキシコからの完成車輸出はブラジルという自動車大国にとっても「脅威」になっていると言える。

5 メキシコ自動車部品産業の動向

5-1 生産動向

メキシコ自動車部品産業の鳥瞰図を描くことは難しいが、ここではMexican Ministry of Economy（2013）などに依拠して、それを概観しよう。メキシコの部品品目別生産額を見ると（表4-3）、電気電子部品がトップで、以下シート、カーペット、エンジン部品、トランスミッショ

表4-3 メキシコ部品品目別生産額

品目	部品生産額(百万ドル)	生産比率
電気・電子部品	16,463	22%
シート、ファブリック及びカーペット	8,597	11%
エンジン部品	6,993	9%
トランスミッション部品	5,809	8%
車内装飾品	4,730	6%
ガソリンエンジン	3,986	5%
ステアリング、サスペンション部品	2,916	4%
ディーゼルエンジン	2,638	4%
プレス部品	2,864	4%
ブレーキ部品	1,944	3%
タイヤ部品	1,575	2%
ボディー部品	1,256	2%
駆動系オイル	1,189	2%
その他	13,835	18%

出典：Mexican Ministry of Economy（2013）

表 4-4　メキシコ部品品目別生産額（外資系企業）

	部品生産額(百万ドル)	生産比率
電気・電子部品	1,205	12%
ブレーキ部品	584	6%
タイヤ部品	495	5%
エンジン及びエンジン部品	464	5%
樹脂部品	266	3%
鋳造部品	225	2%
トランスミッション部品	209	2%
駆動系オイル	155	2%
ガラス類	104	1%
シート	85	1%
金型	80	1%
ステアリング、サスペンション部品	76	1%
その他	5,739	59%

出典：KPMG（2013）

ン部品、車内装飾品といった順序で並んでいる。これらの部品が外資系企業と地場企業でどう振り分けられるかは、残念ながらデータがないのでわからない。しかし、メキシコへの外資進出状況（表 4-4）からある程度類推することが可能である。このデーターによれば、外資のトップは電気電子部門で、メキシコ国内生産と順位的には同じになる。さらにエンジン部品が第 4 位に、トランスミッション関連が第 7 位にあることを考えると、こうした安全保安部品の多くは、外資系企業に依存しているのではないかと推察される。逆に部品生産売上で、第 5 位の車内装飾品は、外資進出状況のリストには含まれていないので、地場企業が比較的高い比率を占めているものと推察される。

5-2　輸出入状況

こうしたメキシコの部品産業の外資依存的特徴は、部品の輸出入構造にも反映されてくる。まず先と同じく Mexican Ministry of Economy

（2013）に依拠して部品輸出統計を見ておこう。2012年の部品輸出額518.7億ドルのうち実にその約90％に該当する465.9億ドルはアメリカ向け輸出なのである。これにカナダの18.0億ドル、約3％を加算すれば、なんと全体の約93％が北米向け輸出なのである（表4-5）。このことは、メキシコの自動車部品産業は、アメリカ自動車産業の部品供給基地となっていることを傍証しているのである。次に部品輸入統計を見てみよう（表4-6）。輸入も輸出ほどではないが、対米輸入が203億ドル、約56％で半分以上を占めていることがわかる。以下、中国38億ドル（11％）、日本24億ドル（7％）、ドイツ19億ドル（5％）、カナダ17億ドル（5％）、韓国14億ドル（4％）の順となっている。

5-3　日系部品企業の地理的分布

　ここで、日系部品企業の進出先を見ながらその特徴を見ておくこととしよう。

　2010年以降日系部品企業のメキシコ進出が積極化するが、その内容を見てみると進出先は大きくアスカリエンテス州とグアナファト州に集中している点に特徴がある。特に2012年以降その傾向が著しい。アスカリエンテス州に進出した日系部品企業を見るとカルソニックカンセイ（コックピットモジュール　1991）タチエス（シート　1991）三桜工業（ブレーキチューブ　1991）ヨロズ（シャーシ部品　1993）ユニプレス（プレス部品　1995）住友電気工業（ワイヤーハーネス向電線　1996）ジャトコ（CVT　2003）エクセディ（クラッチ　2010）北川鉄工所（鋳造部品　2012）モリックスケール（鋼材販売　2013）と続く。1982年に日産が同地に進出して以降、主に日産と強い取引関係をもつ部品企業の進出が相次いだ。

　ではグアナファト州ではどうか。今仙電機（シートアジャスタ

表4-5 メキシコの部品輸出統計

輸出国	部品輸出額(百万ドル)	国別輸出割合
アメリカ	46,585	90%
カナダ	1,795	3%
ブラジル	583	1%
ドイツ	353	1%
イギリス	246	0%
日本	202	0%
中国	181	0%
タイ	178	0%
オーストラリア	141	0%
イタリア	120	0%
その他	1,488	3%
計	51,872	100%

出典：Mexican Ministry of Economy（2013）

表4-6 メキシコの部品輸入統計

輸入国	部品輸入額(百万ドル)	国別輸入割合
アメリカ	20,335	56%
中国	3,805	11%
日本	2,387	7%
ドイツ	1,856	5%
カナダ	1,654	5%
韓国	1,426	4%
ブラジル	697	2%
台湾	538	1%
イタリア	348	1%
インド	337	1%
その他	2,850	8%
計	36,233	100%

出典：Mexican Ministry of Economy（2013）

2012）曙ブレーキ（ブレーキ部品　2012）エフテック（サスペンション　2012）KYB（ショックアブソーバー　2012）ユーシン（ロックマット　2012）ニッパツ（ばね　2013）デンソー（エアコンラジエター　2013）ブリヂストン（タイヤ、シートウレタンフォーム　2013）などが主だった企業である。トヨタが進出を決定した後の需要を当て込んで2012年以降トヨタと取引がある企業の進出が相次いだ。

5-4　日系自動車部品企業の新たな動き

「日本経済新聞」は、メキシコへの日系企業進出が自動車・部品産業の進出によって増加しており、2016年中に日系企業の拠点数は1,000を超えると見込んだ（「日本経済新聞」、2016年4月2日付）。例えば、東京都に拠点を置くUACJ金属工業は自動車に関してはアルミニウム製部品の製造を強みとするが、2014年にメキシコで工場を稼働させた。同工場は、日系企業が多数集積しているグアナフアト州に位置し、主要設備はプレス、溶接、3次元測定等である。同社は日系大手企業の進出を見込んでいる（「UACJ金属工業」HPより）。

なお、筆者は随所で、トランプ政権の対メキシコ政策を慎重に見極めるべきと述べてはきたが、「攻勢に出ている」と思われる企業も紹介しておきたい。例えば、埼玉県に位置するカネパッケージは自動車部品や精密機器を梱包するケースを設計・生産しているが、2017年6月から、日系企業が多数集積しているグアナフアト州に位置する工場を稼働させる予定である。同社は、数百社に上る日系部品企業を納入先として想定している。トランプ政権がメキシコからの輸入品に対し課税したとしても、日系企業が欧州や中南米にも輸出してきたことに勝機を見出しているのである。

また、関西に拠点を置く某部品企業は変速機等の部品製造を手掛けて

いるが、トランプ政権の対メキシコ政策の如何に関わらず、メキシコ進出に踏み切った。大手企業は生産計画を変更せず、また年間 350 万台を生産するメキシコ市場自体の魅力も高く評価しているのである。さらに、興味深いのは、大手企業が海外進出に拍車を駆ける中、国内に留まることこそがリスクになるという同社の方針である(「東京新聞」、2017 年 4 月 27 日)。

我々は、メキシコが「第二のタイとなりうるか」という、極端ではあるが、そのような問題意識を持っている。日本自動車・部品産業の集積拠点として夙に名が知られているのはタイであろう。中国とインドという巨大市場の中間に位置し、かつ比較的親日的で、日本人が事業を行いやすいという利点が存在する。2013 年におけるタイでの洪水発生が日本自動車・部品産業に看過できない蹉跌をもたらしたことは既に述べた通りである。一方、メキシコはアメリカ、ブラジルという巨大市場の中間に位置している。文化・習俗はタイに比べれば、日本人にとっては馴染みの薄いものが多く、またマフィアの抗争等一部地域の治安の悪さが強調されている感はあるが、自動車・部品産業の集積が進めば進むほど、経験が蓄積され、新たな進出を呼ぶのではなかろうか。日本自動車・部品産業にとって世界における二大市場はアメリカ、中国であるが、それら両市場を攻略する「橋頭保」として、タイにメキシコが加えられる可能性も否定できない。

我々の推測と共通の見解をあげておこう。例えば、野村総研は「(タイ、メキシコの)両国とも自由貿易協定(FTA)に基づく自動車・部品輸出のハブとなっており、共通点は多い。タイに進出している部品メーカーはその経験をメキシコでも生かせる」と述べている。また、日鉄住金物産は、「特に自動車部品のティア 2、ティア 3 (2 次下請け、3 次下請け)が不足している」と指摘し、「先行者利益を獲得するのは今」であると進出を促した。日産やホンダ等を顧客とするタイガーポリーも、トラン

プ政権の対メキシコ政策について「明確になるまで静観するしかない。（メキシコでの）自動車生産の伸び鈍化や縮小はあるかもしれないが、完成車メーカーはすでに巨額の投資をしており、サプライチェーンも大きいため撤退はないだろう」、「2～3年先を見据え、投資のアクセルは緩めない」と先ほど紹介した関西の部品企業と同様の攻めの姿勢を見せている（「NNA ASIA」、2017年2月3日）。アメリカ、ブラジルのみならず欧州の三大市場が存在し、リスク分散が可能となるならば、既に十分な自動車生産の実績と経験を積んだメキシコが、日系自動車・部品企業の一大集積地として「第二のタイ」となる日も来るのではなかろうか。

おわりに

メキシコは、対米自動車生産基地として今後ますます重要性を増してくるであろう。とりわけTPP（環太平洋経済連携協定）が具体化した場合は、地理的にアメリカに隣接するメキシコの位置は重要性を増していたであろう。TPPによれば、原産地累積制度が適用されるといわれていたが、もしそれが実現されれば従来の原産地規制の47％を超えてはるかに緩い規制で対米自動車部品輸出が可能になることから、メキシコの優位性は一層高まることが予想されたからである。2013年以降の日系部品企業のメキシコへの集中進出ラッシュは、トヨタのメキシコ工場建設の決定が大きいこともさることながら、このTPPの具体化に寄せる期待が大きかったことにも留意すべきであろう。しかし2017年初頭のトランプ政権の誕生とアメリカの通商政策の大幅な見直し、TPPの破産宣言は、上記の条件を全て反故にすることとなる。今後の動向に留意が必要である。

第 5 章
日本企業の新興国対応

第1節　北九州のTier1、Tier2企業の実態と今後の方向性

はじめに

　超円高から円安に振れた2013年度の日本自動車部品産業の産地は、この変動のなかでいかなる変化を経験したのであろうか。また、新興国市場といかなる関連を持ち、またどのように新興国市場を取り込んでいるのだろうか。本章の課題は、実態調査（2013年2月、8月）を踏まえ、その特徴を析出する点にある。

　北九州地区の自動車部品産業の育成が本格化したのは1990年代の終わりからで10年以上の実績をもつ。その分今回調査の対象とした企業は、ほとんどがその期間に参入を果たした企業だといっても言い過ぎではない。

　今回は、九州地区の完成車企業としては日産を、部品企業としては参入実績が10年以上となるT社、Y社、I社を取り上げて、参入後の問題点に触れてみることとしたい。ここで日産を九州地区の典型として取り上げるのは、日産が円高状況の中で系列を超えた部品購入政策を積極的に展開しているからである。

1　日産九州の活動の現状

1-1　現状

　九州地区を支える完成車企業は、福岡県に生産拠点をもつ日産九州とトヨタ九州そして大分県で操業するダイハツ九州の3社である。またトヨタは、北九州空港に隣接してエンジン工場を有している。この3社をあわせた北部九州の自動車総生産台数は150万台に達し、東海地区、関東地区に次ぐ第三の生産拠点へと成長してきている。

　日産は関東地区の自動車生産を漸次北九州地区にシフトさせてきており、1975年に日産九州工場の操業を開始して以降1992年には第二車両工場を完成させ、2009年には神奈川県の日産車体を九州に移転させ日産車体九州として操業を開始、2011年には分社化して日産自動車九州を設立した。

　日産の北九州地域の生産台数は2014年現在65万台に達し、なお生産台数を高めつつある。2012年度で日産九州単体の生産台数は56.1万台であるが、これは日本の日産全体の生産台数の53%に該当し、日産車体九州の10.6万台を合わせると日産の日本での総自動車生産台数の63%を占めるのである。それは、北九州がその地理的位置としてアジアに近接しており、その分アジアの自動車部品企業のパワーを利用することが可能だからである。

　日産の九州工場の概況をごく簡単に述べておこう。同工場は大きく第一と第二工場に分かれ、第一工場では「ムラーノ」「ティアナ」「セレナ」などを、第二工場では「エクストレイル」「ノート」「ローグ」などを、日産車体九州では「エルグランド」「クエスト」「QX56」「パトロール」「キャラバン」の車種を生産している。

日産自動車九州、日産車体九州合わせて 65 万台の生産台数の 59％ は日本国内向けで、33％が北米向け、残りが欧州・その他となっている。北米向けの「ムラーノ」は、当初北米工場へ生産移管される予定であったが、2013 年以降の急速な円安への揺れのなかで、現在はその計画を延期している状況である。従業員は約 3,300 名だが、500 名の期間工が生産ラインを中心に配置されている。

1-2　現調率

現調率の向上は、コスト削減の絶対的条件の一つであるが、今後は関東地区からの部品の調達率を減らして、逆に九州地区および近隣諸国からの輸入量を増やしていく方針である。

現在九州地域の Tier1 以下のサプライヤーは 994 社で、その地域別内訳を見れば、福岡が 434 社、大分が 144 社、熊本が 129 社、佐賀 95 社、鹿児島 91 社、宮崎 71 社、長崎 30 社の順になっている（Tier1 ～ TierN まで含む）。業種は、部品、資材、設備、冶工具、金型、物流などを含む（2013 年 2 月の日産九州でのインタビューに依る）。そのうちの 85 社は Tier1 サプライヤーであり、さらに取引先で 85 社の内訳をみると、日産のみのサプライヤーが 29 社で、日産及び日産以外とも取引しているサプライヤーが 15 社、その他は 41 社であった。その他の 41 社とは、現段階では取引していないものの将来取引を検討する余地が十分あり、したがって、今後どう組み込んでいくかはこれからの課題である。

Tier2 以下となると 723 社を数えるが、日産とすでに取引のある Ter2 はわずかに 88 社に過ぎず、部品以外の 214 社を除く 421 社は未だ取引関係を有してはいない。2010 年度以降、新たに 12 社が、日産自動車九州の「ニアーサイト」に進出した（「ニアーサイト」については、

「1-4　部品納入近接化」を参照されたい)。こうした、日本での九州北部地域での部品調達範囲の「深掘り＝地場化」はまだ拡大の余地が大きく、今後の課題となろう。

1-3　輸入品比率の上昇

　現調率の上昇とともに、日産は、輸入部品の購入比率を高める形で部品調達範囲を拡大している。ここでは日産自動車九州の主力車種の一つである「ノート」を例にとってみておくこととしよう。
　現行「ノート」の場合には九州地場が54％、関東圏からの供給が29％、輸入が17％であった。ところが新型「ノート」の場合には九州地場が56％で2ポイント増、輸入が26％で9ポイント増であるにもかかわらず、関東圏からの供給は18％で11ポイント減であった。
　その輸入の内訳を見てみると中国が40％と最も多く、タイが36％でこれに次ぎ、インドが12％、韓国が1％、その他11％となっていた。
　このように関東地区からの部品調達を徐々に減らし、新型車では完全になくし、かわりに九州及びLCC近隣諸国から調達することでコンパクトなサプライチェーンを実現していく方針である。

1-4　部品納入近接化

　さらに部品納入近接化による在庫の適正化が実施されている。日産では、サプライヤーの最適ロケーションを「オンサイト」、「インサイト」、「サプライヤーパーク」、「ニアーサイト」そして海外生産地域に分類している。
　「オンサイト」というのは生産ラインの横で同期生産を行うもので、カルソニックカンセイ、河西、ユニプレスなど6社がそれである。「オ

ンサイト」は「輸送在庫ゼロ」のメリットがある。「インサイト」というのは工場の敷地内で生産を行うもので、これも同期生産で10数社がそれに該当する。「サプライヤーパーク」というのは工場の周辺10キロ圏内のバーチャルに設定した範囲のなかに位置する工場で、同期生産が可能なサプライヤーである。日産では20社程度ある。「ニアーサイト」というのは日産の半径50キロ以内の工場を想定している。

　日産では顧客からオーダーが入ると順序時間確定計画にしたがってサプライヤーへ注文が入る。確定計画にしたがって、サプライヤーと日産工場との同期生産が行われる。生産の同期化の実現によって、在庫を圧縮することができる。同期生産が困難な海外や関東中京圏は「ニアーサイト」にデポ（部品供給中継所）を設定する形で、「サプライヤーパーク」、「インサイト」、「オンサイト」では同期生産を実施する形で、部品供給が展開される。これらは、すべてコンピューターシステムでつながれている。

　韓国からの部品調達では、2012年10月以降韓国・日本ダブルナンバーによる日韓間のシャーシ相互運航が実施されており、関釜フェリーを使ったシームレス物流が行われ、貨物積み替え不要化が実現し、日韓ミルクランを活用した物流体系が完成した。この結果、韓国の自動車部品企業は、日産の順序計画のなかに深く組み込まれることとなった。この結果、発注リードタイムは以前の40日から6日に、輸送リードタイムは12日から3日へ、日産の在庫は25日から3日に短縮され、コスト削減に大きく寄与すると同時に、梱包費用、荷姿の簡素化により産業廃棄物などが削減された。

　こうした韓国からの部品供給は、日本側の地場企業に厳しい競争を強いることとなる。一般に労務費では韓国が日本と比較すると約4割減だといわれ、生産性では日本側が約4割高いといわれていた。円安・ウォン高の状況下で労務費の4割格差は疑問だし、生産性が日韓で4

割の格差があるか否かに関しても論議のあるところであろうが、両国の国際競争力を規定している要因に為替格差があることだけは間違いあるまい。したがって、2012年段階までの超円高、ウオン安から2013年に入りそれが是正される中で、北九州の日本の地場企業にも自動車産業への参入の機会が増加し始めている。

2　北九州の Tier 1、2 自動車部品メーカーの実態

では、九州北部の自動車部品企業はいかなる活動をしているのであろうか。参入実績が10年以上に及ぶT社以下の各状況を検討してみることとしよう。

2-1　T社 - アルミダイカスト技術に磨きをかける

2006年4月に自動車産業に参入したのがT社である。2011年現在の資本金は2,200万円である。年商16.8億円（2011年度）、従業員は98名で、直接67名、検査と保全などの準直接及び間接が31名である。当時は北九州が自動車生産台数100万台突破を叫んでいた時期で、多くの地場企業が参入を模索していた。そうした中で、塑性加工技術を基にしたアルミ鍛造とアルミダイカスト技術をもって参入に成功した数少ない企業の一つがT社だった。

当社は配電事業や水栓金具など住宅産業への部材供給から出発した。当時は在庫は「お客さんが安心するのでいいのではないか」といった発想で、在庫持ち放題といった状況だった。ところが、自動車産業への参入を決意した段階でトヨタ自動車九州の指導を受け、豊田流の「OJT」や「Just in Time」の発想を受け入れる訓練が始まった。トヨタからはスタッフが3ヵ月間常駐し、指導を受けた。こうして全社あげての意

識改革運動が展開された。

　さらにアイシン九州が主宰する「リングフロム九州」に加盟して、トヨタ式の生産管理の手法を学習した。またアルミダイカストに関しては、アイシン精機およびアイシン九州の指導を受けてダイカスト第1号を立ち上げた。この間アイシン九州キャスティング㈱に約2年間スタッフを派遣して技術指導を受けた。自動車産業で学んだトヨタ式生産方法は、従来の配電、住宅関係にも良い影響を与え、材料や完成品在庫が激減し、財務状況の改善に大いに寄与した。自動車産業へはアルミダイカスト技術を応用したルーフレッグやヘッドライトのブラケットの供給を行っている。

　トヨタ自動車九州への参入に成功した後も、T工作所の技術改善活動は継続している。パワーステアリング部品の一つであるタイロットエンドの素材を鉄からアルミへ変えることで当該部品重量を三分の一に軽減化する高強度アルミ鍛造工法開発のために九州工業大学などと連携して技術開発を推進するなど、各種事業を展開している。

2-2　Y社 - 精密金型

　Y社は、八幡市のY工業が親会社で、鉄鋼関連、エレクトロニクス・精密製品関連、エンジニアリング関連の企業である。鉄鋼関連は、鉄スクラップの転炉へのリサイクル、ロール研磨加工、ロールの分解、組立て、鉄の試験片の製作などが主な事業である。エレクトロニクス・精密製品関連は、精密プレス・電子部品部門で、プレス金型の製作と設計、そしてその金型を使用した精密プレス部品の加工を行っている。主な製品は、自動車駆動や携帯電話の振動に用いられるモーターコア、プロインターに使用する超精密打ち抜きプレス部品、携帯電話・PC用の精密絞りプレス品などである。そのほか、宮崎に半導体テスト基地を、イン

ドネシアのビンタン島にはCOB組立てやLEDモジュール組立て基地を有している。最後のエンジニアリング関連は、各種プラント・産業機械の設計・据え付け、アフターメインテナンス事業を行っている。海外では2002年に中国の深圳に日本電産に収めるモーター工場を立ち上げた。Y社の創業は1973年で、資本金9,600万円、従業員は140人である。親会社のY工業は、1920年創業、2013年4月時点で従業員が1,420人、資本金1億円である。

　Y社の創業当初の主力製品は鉄鋼関連であったが、次第に金型の生産・販売からそのプレス部品生産、さらには半導体へとシフトさせていった。金型では自動車関連が大きな比重を占めており、2011年時点では金型生産の60％は車関係だったが、2012年以降超円高の下でカーメーカーがその生産を海外にシフトさせるに伴い海外における金型需要に応える形で生産を展開した結果、その比率は80％にまで高まり始めている。加えて好調なのはワイパー、燃料ポンプなどのモーターコアの金型で、需要に応じきれない状況である。また、2013年に入ってからは、プリンター関連のステンレスプレス部品（インクジェットのプリンターヘッド）や電気自動車やハイブリッド車の増加と関連して電流センサー受注が増加し始めている。

　2011年時点でプレス部品の20％は車関係となっていたが、この比率は、2013年段階でも変化はない。Y社の得意分野は、その社名通り精密プレス部品の生産にあるわけで、板厚が薄い素材を精密に打ち抜く技術を有するY社は、スマホのカメラモジュール製品の受注が増加している。

　材料の素材は、新日鉄とポスコから購入している。ポスコのコイル材は新日鉄と比較すると2割がた安かったので、ポスコが市場でシェアを伸ばし始めたが、2013年段階では価格勝負から商品に適合した品質勝負になってきており、ポスコは日本市場で苦戦している。

2-3　I社 - メッキで威力を発揮する

　北九州地域で長い歴史を持つメッキ企業がI社である。創業は1928年だから、85年の歴史を持つ。北九州市本社の従業員は320名。グループ8社の総従業員は680名である。年商は83億円。事業内容は、金属メッキとプラスチック成型で、その中でもメッキ関係の事業がメインで、売上げもグループ全体の30％を占める。

　そもそも、I社のスタートは、北九州の地場企業を代表するTOTOの住宅器具用の水栓金具やパーツの射出成型やそのメッキを担当したことに始まる。その後1999年に大分県にI大分を設立、さらに2010年には北九州にS工業を設立し、そこでTOTO用の水栓金具のメッキを専門に行うこととなった。

　いま一つは官営八幡製鉄所との関係である。新日本製鉄君津製鉄所に隣接する富津市に1990年にはテクノセンターを新設して物理解析・鋼材試験を開始した。

　I社が自動車産業に参入したのは日産が九州に進出し、2年後にTier1企業が九州へ進出し始めた1977年を以て始まった。I社は、本社工場に自動車部品の樹脂成型や大物をメッキできる設備を有していたこともあり、これをもとに2002年にフープメッキラインの導入、2003年にプラスチックメッキ大型全自動ラインの導入、翌04年のパレル亜鉛メッキの新ラインの導入、07年の吊亜鉛メッキの新ラインの導入によって、各種の自動車部品メッキの需要に応えることが可能となった。

　この間05年にはIエンジニアリングを設立、分社化し、2008年にはI社51％、H社49％出資で新たにIH社を設立し、大型自動車部品のメッキ部門を分社化した。H社は1917年創設の日産系の内装部品会社で2000年以降日産系販売会社と経営統合しプラスチック部品を生産

する工場を北九州の日産工場に隣接して持っている。I 社は、関東の館林にメッキ工場を持っており、これまでもそこでオーバフローしたホンダ、富士重からの受注分のメッキを引き受けていたが、2008 年以降さらに H 社の北九州の自動車プラスチック部品のメッキを担当するために新たに IH 社を立ち上げたのである。IH 社は、2009 年に建屋を拡張して大型自動メッキの新ラインを導入して拡大する需要に応ずる体制を作り上げてきている。

売り上げは I 社本社の売り上げは 2010 年 40 億円から 2012 年の 37.4 億円と若干の減少にとどまっているが、その代わりに IH 社の売り上げは急増してきており、2010 年の設立当初の 5.2 億円は 2012 年に 17.3 億円と急増してきている。今後の北九州での自動車生産の拡大と関連して売り上げの拡大が予測できる状況を生み出してきている。同社は、トヨタ、ダイハツ、マツダ、ホンダ、三菱、スバルと取引しており、スズキ以外の全ての完成車企業に納品している。そのうち、九州ではダイハツ以外は輸出依存度が高いことから、納入増加期待が高まっている。

2-4　M 社 - 事業多角化で危機を乗り切る

創業は 1916 年で 100 年以上の長い歴史をもつ。当初から八幡製鉄所の関連事業を行ってきた。機械加工、金属加工、金型製造から 1969 年から鉄鋼連続鋳造モールド関連事業に進出し、同時並行的に 1968 年 10 月から磁気メッキの開発を契機にエレクトロニクス事業へと領域を拡大し、1984 年 4 月以降プラント設計を軸に FA エンジニアリングを、同じく同年 11 月以降精密成型金型事業へと進出した。そして 1990 年からは大型成形事業を開始した。

M 社の自動車事業への進出は工場設備エンジニアリング事業から派生してトヨタ自動車九州への溶接治具の設計開発から始まり、次第にそ

の領域を広げてきた。そして2004年4月に中型成型、塗装、組み立て、物流部門をもつH自動車をグループ会社化することで、M社は金型・樹脂成型・塗装・組立て・物流をつなぐ一貫したラインを作り上げることで、日産、トヨタ、ダイハツ向けの内外装樹脂成型部品の一貫生産に成功したのである。

M社は、行橋工場、小倉工場そしてH自動車を自動車関連工場として所有するが、金型は大型金型を行橋工場で、精密金型を小倉工場で、樹脂成型の大型成形は行橋工場で、小型成型は小倉工場で、中型成型はH自動車第二工場でそれぞれ行い、塗装はH自動車第一から第四工場で行っている。そして組立ては行橋工場とH自動車第一から第四工場で行い、物流はH物流が担当しているのである。これらの工場は日産九州からは5分から20分で、トヨタ九州宮田工場には30分から1時間以内、トヨタ九州の刈田工場には5分から20分で部品を届けることが可能なのである。もっとも、2012年には金型部門からは撤退している。

2012年のM社の資本金は3億5,950万円、売上高は251億円、従業員は2,693人で、グループ会社のH自動車は資本金5,000万円、売上高56億円、従業員214名、関連会社のH物流は、資本金3,000万円、売上高7億円、従業員61名である。

2-5　W社 - プラント設計に活路を見出す

W社の創業は1886年で今から130年前のことである。1919年から海軍の軍艦用の水雷兵器部品の生産に乗り出し、1921年には海軍指定工場となる。1923年から航空機車輪の生産を手掛け、1930年から航空機生産に乗り出していく。中島飛行機が航空機の生産に乗り出し陸海軍から受注したのが1920年で、中島飛行機を設立したのが1931年

だからほぼ同時期に飛行機生産に乗り出したことになる。その後陸軍機の修理や部品製造のため1937年には大刀洗飛行場に隣接した製作所が設立された。太平洋戦争中は航空機需要が高まるなかで海軍航空機生産のために1943年には海軍航空機を生産するK飛行機と水雷兵器を生産するK兵器に分かれた。敗戦と同時にK飛行機はT工業と改称され、1950年には解散した。

　他方K兵器は、K鉄工と名称を変更してW社に引き継がれた。戦後は1955年に防衛庁に収める魚雷発射管の生産を開始し、1962年にはスリッターラインの生産を開始した。スリッターラインとは、さまざまな板厚の鋼板を需要に応じて必要なサイズと形状に切断する機械のことであるが、オーダーメイドでその機械の設計・組立てを行っている。W社は1967年にはリムラインのプラント生産に乗り出し成功する。リムラインというのはリムホイールを生産する設備を設計組立てするものである。

　主なリムラインの受注先は、リム生産で国内トップのトピー工業で、そこへのプラント受注を行ってきた。ホイールメーカーは日本にはトピー工業のほかに中央精機、リンテックスしかないので、W社はこの分野では独占状況にある。W社の従業員は94名、資本金1億円、年商は171億円である。近年では、生産拠点の海外移転に伴い、国内よりは海外での受注が増加してきている。現在タイ、インドネシア、メキシコのトピー工業の生産拠点から発注があり、その対応を行っている状況である。

3　北九州自動車部品産業の現状と問題点

3-1　2013年の変化の特徴

　第3節で東北地域の自動車・同部品産業の実情を検討するが、北九州の自動車部品メーカーは東北地域と比較すると、参入した時期は古く、したがってその経験は長く深い。むろん関東地区や東海地区と比較するとその幅や深みは若干劣るというのが正直な実情であろう。

　しかし焦点を2013年前後に絞ると明らかな変化が生まれてきていることがわかる。それは、①海外事業展開の積極化、②技術力のアップ、③専業化の三つの動きであろう。

3-2　海外事業展開の積極化を図ったY社とW社

　まず、①の海外事業の積極化は先に挙げた事例ではY社、W社にみることができる。Y社の得意分野は精密金型であり、特に自動車部品の精密金型をもっとも得手とするところであるが、この金型需要が日本国内ではなく、海外事業の展開に伴い国外で拡大し続けている。Y社はこの需要を積極的に追いかけて中国、東南アジアへ進出、現地日系企業と競争して、現在では自動車関連の金型生産比率を80％まで高めることに成功したのである。同じことはW社に関しても言うことができる。W社は、数少ない受注のチャンスを海外展開している日系企業に求めてタイ、インドネシア、メキシコといった日本企業が多数進出する国や場所から積極的に受注をとることで営業実績を上げ始めているのである。こうした拡販活動は、今後一層求められることとなろう。

3-3 産学連携で技術力アップを図ったT社

技術力アップでこの苦境を積極的に乗り切っていこうという企業もある。その代表はT社であろう。T社がアルミダイカストの技術をもって自動車産業へ参入したのは2006年のことである。以降T社は、自社技術の向上に加えて、トヨタ自動車九州からの技術指導やアイシン精機、アイシン九州が主宰するリングフロム九州での技術指導を通じてトヨタ生産方式の習得とその向上に磨きをかけてきた。これが、その後の発展の礎となったことは間違いないが、それだけにとどまらなかったところにT社の発展の秘密が隠されていた。それは、パワーステアリング部品であるタイロットエンドの素材を鉄からアルミに転換することで従来の強度を保持したままでその重量を3分の1に軽減することが可能となったことである。九州工業大学と連携して産学共同で技術開発を推し進めた成果であった。

3-4 専業化で事業拡大を図るI社とM社

専業化を積極的に推し進めることでこの間の苦境を乗り切り、かつ飛躍の契機をつかもうとしている企業がメッキのI社と内外装樹脂成型部品を一貫生産するM社である。I社は1977年に日産への部品供給を開始以来一貫して自動車向けメッキ事業の拡大に力を注いできた。前述したように2003年にプラスティック大型全自動ラインの導入、翌2004年のバレル亜鉛メッキの新ラインの導入、2007年の吊亜鉛メッキの新ラインの導入、フープメッキラインの導入によって、各種の自動車部品メッキの需要に応えることが可能となっただけでなく、この間2005年にはIエンジニアリングを設立、分社化し、2008年にはI社51％、H

社 49%出資で新たに IH 社を設立し、大型自動車部品のメッキ部門を分社化した。このプロセスが如実に物語るように I 社は自動車メッキ事業への専業化を推し進めて今日に至っているのである。

　同じことは M 社の動きからも跡付けることができる。M 社は、金型やモールド事業、プラント設計を軸にした FA エンジニアリングなど多彩な分野に事業を拡張してきた。こうした異事業部門へのタコ足的事業拡大は、自動車部品産業へ参入する地場産業の特徴的な事業形態である。参入してもしばらくは確実な収入源が得られない自動車部品産業では、どうしてもその間を食いつないでいく副業が必要となるからである。しかしある時点で副業を縮小して経営資源を自動車部品産業に投入せねばならない時がある。M 社の場合には、それは 2004 年前後に自動車部品分野に専業化するコースを選択したものと想定される。なぜなら 2004 年 4 月に中型成型、塗装、組み立て、物流部門をもつ H 自動車をグループ会社化することで、M 社は金型・樹脂成型・塗装・組立て・物流をつなぐ一貫したラインを作り上げ、日産、トヨタ、ダイハツ向けの内外装樹脂成型部品の一貫生産に成功したからである。その代償として M 社は 2012 年に競争力の弱まった金型製造部門を思い切って切り捨てたのである。「選択と集中」戦略が I 社、M 社の競争力強化を生んだといってよいであろう。

おわりに

　九州地区は、いま、まぎれもなく激動のさなかにある。表面的には静かな漣に過ぎないが、深層では大きなうねりが生まれ始めている。そのうねりとは海外への生産移転が積極化し内需の縮小が生まれ始めているときに、いかにそれに対応していくかという問題である。本節で明らかにしたように、その課題は二様のシナリオで解決への道が模索されてい

るように思われる。二様のシナリオとは、一つは、海外に移っていく需要を追いかけて海外へと受注の領域を拡大する道である。それは、自社が海外展開するだけとは限らない。そうではなくて、Y社、W社のように海外の受注を積極的にとっていくという手段も求められる。そうしたシナリオを追いかける場合には日本国内でのマーケティングパワーの強化が技術の向上とともに求められよう。今一つのシナリオは技術力をアップし、専業化することで、国内での需要を積極的にとっていくシナリオである。T社、1社、M社の動きはそれに該当しよう。いずれのシナリオを取るにせよ、北九州の自動車部品企業は、いま大きな国際化のうねりのなかで苦闘することを求められているのである。

第2節　韓国進出日系自動車部品企業の事例研究

はじめに

　本節では、慶尚南道昌原工業団地のDPS社及びG社、群山のSA社に焦点をあて、韓国に進出した日系自動車部品企業の活動とその意味を検討する。ここで、DPS社、G社、そしてK社を選択した理由は、これらがいずれも日本からの進出企業であると同時に韓国発の海外展開企業だからである。この間の超円高のなかで、これを回避するため韓国に生産拠点を移す企業が増加した。そして韓国に根を下ろしながら韓国企業としての活動を開始しているのである。いずれにせよ、日韓両国企業の実力が接近し、かつグローバル化のなかで両国の壁が著しく低くなっている現在の実態を示すケーススタディとして、これらの企業を取り上げ、その実態を分析するというのが、本節の目的であり、課題でもある。

1　韓国の全体的状況

　まず、これらの企業がなぜ韓国を選択したかを見るために韓国経済の全体的状況を概観しておこう。これまでの3年間（2008-2011）韓国は、ウォン安をベースにBRICS市場に積極的に進出し、欧米へはFTA戦略を活用することで輸出を拡大、2008年以降のリーマン・ショックを巧みに乗り切ってきた。この韓国政府の政策が日本の中小企業を引き付け、中小企業の韓国進出を促進した点がある。もっともそうした

韓国も 2013 年以降は円安に転じた日本の輸出力回復を受けて競争条件が激化し始めている。しかし輸出重視の韓国政府の政策はそう簡単に変わるものではない。韓国の輸出依存度は 2011 年現在で 49.7 で、台湾の 66.1、タイの 65.5 と並んで世界でもトップレベルにあり、ドイツの 41.3、フランスの 21.0 をはるかに引き離し、日本の 14.0 は及ぶところではない。したがって、韓国は、輸出動向が即、国内経済に影響を与える状況にある。

　貿易相手国としては中国が輸出入ともに第 1 位で、2012 年度では対中輸出が 1,343 億 3,100 万ドルで輸出総額の 24.5％を占め、第 2 位のアメリカの 585 億 2,400 万ドル（10.7％）、第 3 位の日本の 388 億 5,000 万ドル（7.1％）を大きく引き離している。他方、輸入を見れば、これまた対中輸入が 807 億 7,800 万ドルで輸入総額の 15.5％を占め、第 2 位の日本の 643 億 5,100 万ドル（12.4％）を 3.1 ポイント引き離している。つまり中国進出をしたければ日本よりは韓国に進出した方がビジネスチャンスは大きいのである。

　さらに貿易収支をみると、貿易黒字のトップは中国で 535 億 5,300 万ドルであり、逆に貿易赤字のトップはサウジアラビアの 306 億ドルである。これは原油輸入によるものである。日本は第 2 位で 255 億 100 万ドルである。韓国の対日赤字の原因は、日本から鉄鋼材、半導体、半導体製造装置などの中間財・資本財を輸入し、それらを加工、組み立てて輸出する韓国産業構造に起因するが、2008 年以降の超円高のなかでの日本の中間財生産企業の対韓移駐、韓国側の中間財輸入の多角化などにより 2011、2012 年は 2 年連続して赤字幅が減少し、2012 年には 255 億ドルまで減少した。逆に日本の対韓直接投資は増加傾向にある。とくに超円高だった 2012 年には日本の自動車部品や素材企業の対韓投資が急増した。つまりは輸出力をもつ日本の中小企業の対韓進出は韓国の経済的弱点を補完する役割を持つのである。

そして、韓国は貿易依存度が高いぶん、FTAには積極的で、FTAがカバーする範囲を日本・中国・韓国と比較してみると韓国が断然広く、発効済みの国と地域は、日本が18.9％、中国が25.6％なのに対して韓国は35.4％と日中両国を引き離している。韓国に進出すれば、日本の中小企業もその恩典に浴することができる。ここにも日本中小企業が韓国を輸出・投資基地として活用する理由がある。もっとも、こうした政府の政策もあずかって輸出産業は好調だが、逆に内需は不調である。また、主要輸出産業の電機と自動車を見れば、中国を中心に輸出は拡大傾向が続いているが、国内では外国車の輸入とその比率が高まっている。こうした波乱含みの状況を内包しながら韓国経済は一進一退を繰り返しているというのが2013年以降の姿である。

2　韓国自動車・部品産業の現状

　以上は韓国の全体的状況だが、以下自動車・部品産業に限って考察することとしよう。まず、韓国自動車産業の全体的動向をつかんでおこう。2012年の韓国自動車企業の生産台数は456万台で、中国、アメリカ、日本、ドイツに次いで世界第5位である。うち内需は141万台と140万台の線を上下しているのに対し、輸出は317万台で、総生産台数の69.5％を輸出している。韓国乗用車企業は現代・起亜グループ、GM大宇、ルノーサムスン、双龍の5社があるが、現代・起亜グループ2社が圧倒的な市場シェアを保有している。この2社で生産台数349.1万台、販売台数115万台、輸出台数234.4万台で圧倒的シェアを占めている。GM大宇はGMの小型車開発拠点としての位置づけを持っている。そのために2013年以降総額8兆ウオンを投下し、新パワートレインの開発を実施している。GMは、韓国国内内需の20％確保ももくろんでいるが、実際は10％前後で、20％という目標は実現が困難な数値と

いえよう。ルノーサムスンは日産モデルを主体に生産しているが、内需・輸出ともに厳しい状況である。2012年前後に約1,000人の人員削減を実施したのはその証左である。今後ＥＶ、ＳＵＶ車を投入して市場シェアの拡大を狙っている。双龍はインドのマヒンドラ・マヒンドラに買収されたが新車「コランド」を投入、人気車種でシェアを拡大している。双龍のトラック工場は群山にあるが、年間1万台のトラックを生産している。

　為替変動は、様々な影響を韓国自動車・部品産業に与えている。2013年以降の為替変動で最も大きいのはウォン高より、円高から円安への振れである。この結果日本自動車産業が息をふき返しただけでなく、収益構造、つまりはキャッシュ・フローを改善させ投資余力を蓄積して攻勢に出てきた。しかしだからと言って日系企業が中国市場で優位に立っているわけでは決してない。韓国からの自動車部品の対日輸出は、円安にもかかわらず増加傾向にある。それは、韓国製部品の質の高さが見直されたこと、日本の自動車企業がコストダウンの手段として韓国、中国、タイの部品使用率を高め始めているからである。韓国に進出した日系企業も、こうした韓国の優位性を活用してその恩恵に浴しているのである。以下、日本から進出したDPS社、G社、K社の順でその動きを見ておこう。

3　部品企業動向分析

3-1　DPS社

　日本のデンソーの合弁企業である韓国のＰ社の設立は1948年と長い歴史をもつが、1968年にＰ電機と社名を変更して1969年にデンソーと技術提携し業務を拡大してきた。当時トヨタは1966年から1972年

まで韓国の新進自動車と技術提携しており、ここに部品を納めるためにP電機はデンソーと提携した。しかし、トヨタが1972年に提携を解消したためにP社は納入先を失って苦境に陥ったが、デンソーの支援を得て現代自動車の受注を受けることに成功して業績を回復した。そして2001年にはデンソーと合弁して、社名をDPSに変更した。本社および主工場は昌原工業団地にあるが、2005年には洪城工場を設立、2008年には華城工場を新設した。昌原工場での主要生産品はオルタネーター、スターター、CVVT、ステック・コイルなどである。洪城工場ではワイパー、パワーウインドウ用小型モーター、ワイパーシステム、コンプレッサーを、最新の華城工場ではETCやIGコイル、燃料ポンプアッセンブリーなどを生産している。2003年から2005年にかけて労使紛争が継続し混乱し、2008年のリーマン・ショックで売り上げは一時的に落ち込んだが、2010年以降は急速に回復した。

　DPS社の資本金は81.8億ウオン、売り上げは5,834億ウオン（2012年度）、従業員は1,310名（2013年3月）で、同じ昌原の工業団地にはDPS社の兄弟会社ともいうべきDPE社がある。これは同じグループに所属するが、1976年に分離して設立された。資本金は25.7億ウオン、売り上げは3,045億ウオン、従業員は570名でやや小ぶりな工場である。ここで作っているのはメーターやエアコンパネルである。DPS、DPE社ともに製品はソウルにある同じグループ販売会社のDKを通じて現代と起亜に納入している。このようにデンソー傘下にありながらも韓国の土壌にしっかりと根を下ろし、現代・起亜への部品供給企業として活動しているのである。さらに同社は現代・起亜の海外展開に随伴して海外展開を遂げている。

3-2 G社

　昌原団地に位置するG社は、その本社は奈良に置かれているが、発祥は1943年、大阪生野区に工場を設立したことにある。創業者は在日韓国人のG氏であり、同社の社名はG氏の名前に由来する。G社はその後1964年に大阪の八尾に移転し引き続き工場を拡張、2013年現在で5つの工場を持っている。ここではウオーターポンプのメカシール、冷間成形部品、ユニバーサルジョイント、ステアリングジョイントのスパイダーとケースの塑性加工から熱処理まで、さらには冷間鍛造技術のネットシェイブの高度化に取り組んでいる。

　G社が韓国の昌原に工場を建設したのは1979年のことである。その後1996年には中国の青島に、2005年にはタイに工場を展開し、現地の需要に応える活動を推進している。韓国での同社の活動は、最初はアフターサービス製品の供給から始まったが、現代、起亜、GM、VW、クライスラーのOEM生産を担当し事業を拡張した。韓国に進出した1979年当初はトランスミッション関連を、1996年からはベアリング関連を、そして2009年以降は再度トランスミッション関連を拡充した。2012年現在の売り上げ比率はオートトランスミッション関係が35％、ベアリングが10％、パーツが30％、シャーシ関連が25％となっている。オートトランスミッション関連は、韓国では他に競争企業がなく一社独占状況にある。

　輸出も行っているが、主に欧州、フランス、ドイツが中心で、日本にはジャトコにオートトランスミッション部品を送っている。そのほかオートポンプは直接神奈川の日産工場に供給している。中国の青島には二つの工場を有するが、いずれもベアリング生産を行っており、北京現代と上海GMに供給している。またタイ工場はウオーターポンプを生産

し、89％は日本への持ち帰りであり、残りの11％はタイ久保田などの農機具企業に供給している。開発(R&D)は日本と韓国で行っているが、日本ではウオーターポンプの開発を、韓国では現代・起亜向けトランスミッションと関連した開発を実施している。日本の開発要員は約10名だが、韓国では約50名である。この会社は、在日韓国人が起こした会社として、1970年代以降は韓国に生産拠点を移動させながら、日本本社は経営管理に特化する方向で事業を進めている。

3-3　K社

　韓国に生産拠点を移し、さらにそこから海外展開を遂げている企業としてK社の例を挙げておこう。K社の主要生産品は電磁弁の生産である。電磁弁というのは流体制御弁の一種で遠隔操縦バルブで、石油プラントや製鉄所の高炉で多用されるものである。K社の操業は1919年と非常に古く、戦時中は日本海軍の潜水艦に使用されるバルブ類を生産していたが、戦後は平和産業へ転換し、高炉のバルブ生産を手掛けると言ったように、幅広い営業を展開してきた。現在は従業員90名ほどの中小企業だが、東京に本社と営業部門を、平塚に開発・研究・設計・生産・組立・検査・出荷部門をもつ工場を所有している。K社は2004年に上海に営業事務所を、2011年には韓国の金浦空港に近い富川工業団地に新工場を立ち上げ、韓国企業が中東で受注した石油プラントへの電磁弁納入活動を展開し始めた。そして2012年から本格的な電磁弁の生産を開始した。中国から素材となる鋼材を購入し、日本からは弁の供給を受けて、韓国で電磁コイルを生産して完成させるというプロセスである。現在は韓国で電磁弁を生産しているが、ゆくゆくは中国に生産拠点を移して、中国での需要に応える計画だといわれる。

4 日系韓国進出企業の特徴

4-1 韓国を海外展開の拠点とする日系企業

　上記3社に共通する動きは、韓国に生産拠点を移すこと、そしてそこに根を下ろしてまず韓国企業の部品企業としてしっかりとその受注先を確保することである。DPS社とG社であれば、韓国最大の自動車企業の現代と起亜のサプライヤーとなることであり、Y社であれば、現代建設などの石油プラント会社に食い込むことであろう。これらの受注は、「地産地消」のたとえ通り、韓国に進出しなければこうした受注はとれるものではない。日本企業サイドから見れば、マーケットに近い場所で営業せねばならないということに通ずる。しかし韓国のケースはそれだけではない。進出した韓国からさらに海外に打って出るという動きである。それは自動車企業が海外展開するとなれば、そうした進出に伴い新たに生まれる需要を取りに行くには、自動車企業の進出先に随伴するのが第一であることはいまさら指摘するまでもない。そうした観点からDPS社もG社もさらにはK社も異口同音に韓国からの海外展開を志向するのである。DPS社、S社、K社がいずれも中国展開を志向するゆえんでもある。今後、こうした日系企業の行動パターンはその数が増していくことが予想される。その延長線上で、本社機能を日本から韓国へ移転させるケースも増えてくるかも知れないのである。その意味では、先の3社は時代の先端を行く動きを見せているといえなくもない。

4-2 韓国ビジネスのキーポイントとなる韓国拠点

　韓国拠点は、日系韓国進出企業にとって、単に海外拠点としての役割

を果たしていただけではない。海外での対韓国ビジネスを成功させるためにも韓国工場のもつ意味は大きかったのである。いま、G社を例にとってその理由を説明しておこう。G社の本社は日本の奈良にある。しかしG社の工場は韓国、中国そしてタイに分散している。そこで、中国の青島にあるG社の工場が同じ中国の北京にある北京現代自動車の受注を試みたと仮定しよう。そうした場合には最終的な商談の決定は北京ではなく現代自動車で行われることが一般的である。そうした場合には中国でのビジネスにも韓国拠点が果たす役割は非常に大きい。普段からG社韓国拠点の営業マンが韓国の本社のスタッフと連携がとれていれば、この商談はスムーズに運ぶからである。そうした意味で、韓国拠点は、単に韓国でのビジネスだけでなく韓国発のワールドビジネスで大きな役割を演ずるのである。

4-3 韓国からのノウハウの吸収拠点

　最近、G社などに見られる新しい傾向は、開発拠点が韓国に移転するに伴い日韓技術レベルの逆転現象が生まれてきていることである。G社の場合には、製造拠点が韓国に移転するに伴い「ものづくり技術」は韓国が担当し、営業とマネジメント機能だけが日本に残るという現象が非常に顕著になってきているのである。たとえば、G社の場合、日本の開発拠点はウォーターポンプ関連を、韓国はトランスミッション関連を開発するというように分業体制を取ってきており、しかも韓国の拠点開発要員は約50名、日本のそれは約10名と韓国の比率が高まってきている。韓国の方がはるかに重要で安全保安度が高い製品の開発を担当してきているのである。同様のことはK社に関しても言うことができる。K社の開発・生産機能は次第に縮小して、その機能を韓国と中国に移転させる動きを積極化させている。もっともK社の場合にはG社と比較す

るとその動きはさほど活発ではなく、時間的には緩やかだが、やがて日韓での「ものづくり技術」の逆転現象はいっそう定かになるに相違ない。新しい動きは止めることができない力を伴って進行しているのである。

おわりに

　以上、2013年に生じた日韓両国企業関連の変化を事例を示しつつ紹介した。3年以上続いた日本の円高状況は、想像を絶する深さと広さを持って日本企業の屋台骨に大きな変化を生み出しつつある。本節では、その一端を紹介したが、この動きは日本の生産地のいたるところで生じており、もはや止めることができない大きな傾向となって広がっている。円高から円安に転換したら輸出が伸びるかと思ったら予想したようには伸びなかったという声を聴くが、こうした産地での産業転換の実態を知ればむべなるかなと思わざるを得ない。その意味で2009年からの3年3ヵ月続いた超円高の意味は改めて問われなければなるまい。

第3節　東北地域の自動車・部品産業

はじめに

　2011年以降2015年までの東北自動車・部品産業を考える場合には、それまでになかったいくつかの環境変化要因を考慮に入れる必要がある。1つは2011年3月の東日本大震災の影響を強く受けて東北地域の自動車産業は大きな被害を受けたことである。特に仙台、石巻を中心とした岩手、宮城一帯のTier2、Tier3企業がその被害を受けた。しかし、地域一帯の協力と企業自体の努力の結果、急速に回復し、2014年にはほぼ現状に復帰した。しかし、この現状復帰は、2011年以前への復帰ととらえてはならない。そこには、大きな変化が伏在していることを考慮せねばならない。この点の考察が本節の第1の課題である。

　そして、もう1つは2012年7月の関東自動車、セントラル自動車、トヨタ自動車東北の3社合体による資本金68.5億円、従業員7,400人のトヨタ自動車東日本の誕生とその活動の本格化である。同社は、2013年以降トヨタの小型ハイブリッド車「アクア」の国内販売・輸出生産基地となった。このトヨタ自動車東日本の誕生と生産の本格化が東北の自動車部品産業に与えた影響に関して考察されなければならない。これが本節の第2の課題である。この2つの課題は一見無関係のように見えながら、東北自動車部品産業の再編という点では相互に深く連動している。ここでは、部品企業の動向に焦点を当てながらその動きを追ってみることとしたい。

1 東北の自動車部品産業の現状

　東北唯一の完成車企業だった関東自動車が岩手県で操業を開始したのが1993年、その後アクスルなどの重要保安部品を生産するトヨタ自動車東北が操業を開始したのが1997年、そしてセントラル自動車が宮城に生産拠点を移したのが2011年1月のことだった。こうしてトヨタは着々と東海、北九州に次ぐ第3の生産拠点つくりを推進していった。「3・11東日本大震災」が東北を襲ったのは、セントラル自動車が操業を開始した2か月後の2011年3月のことであった。

　その後トヨタは、2012年7月関東自動車、セントラル自動車、トヨタ自動車東北の3社を合体してトヨタ自動車東日本を誕生させた。それはトヨタの東海、北九州に次ぐ「第3の拠点」(「朝日新聞」, 2015年7月31日)の誕生だった。東北での自動車生産は、1993年の10万台生産から始まり2000年に15万台へ、2005年には第2工場の新設に伴い30万台生産体制に拡大した。2007年のリーマンショックで生産は6割程度にまで落ち込んだが、2010年から回復基調に入り2011年の落ち込みを経て2014年には53万台を記録し、日本国内総生産台数の5.5％を記録するに至った。

　これまで2013年以降小型ハイブリッド車「アクア」の国内販売・輸出生産基地であったが、トヨタのサイズや車種の部品共通化による新開発・新生産方式「トヨタ・ニュー・グローバル・アーキテクチャー(TNGA)」の導入で、東北地区が小型車生産基地となるに伴い、部品企業の集積も進み始めている。2015年以降はこれまでの「アクア」に小型車を増やして東北を「小型車集約」(「日本経済新聞」, 2015年11月4日)拠点にする構想が進行している

2 東北自動車部品産業概況

　では、東北の部品企業の蓄積はどんな状況か。まず、東北部品産業の全体像を概観しておこう。2014年現在東北6県の自動車関連企業は約1,100社に及ぶ（東北ものづくりコリドー　2014）が、大半は中小零細企業で、自動車部門を専業とするTier1企業は非常に少なく、しかもその大半は関東、東海に生産基盤をもつ東北への進出企業である。そもそもが、こうした関東、東海からの進出企業が東北自動車部品産業をリードしてきた。

　その歴史は大きく1990年代以前と90年代以降に分かれる。1990年代以前は古くは1968年の関東精機（現CKF）の福島進出、69年のケーヒンの宮城進出、71年の曙ブレーキの福島進出がそれである。これらの企業進出の大きな目的は東北の低廉な労働力の活用であった。ところが1993年の関東自動車の岩手進出以降、東海地区からの企業進出が増加した。91年の多摩川精機、92年の曙ブレーキ山形、アイシン東北、96年のプライムアースEVエナジー、2007年の中発テクノ、アイシン・コムクルーズ、08年の東海理化、デンソー東日本、10年の太平洋工業と続く。また、2013年以降ドアサッシやシート部品が主力であるシロキ工業が宮城県大衡村にあるトヨタ紡織東北の宮城工場敷地内に小型工場を設立し、窓の開閉に使う部品とシート部品の最終工程を愛知県内の2ヵ所の工場から移管した（「日経産業新聞」, 2013年6月11日）し、電熱・空調機器メーカーの日本電化工機は自動車部品の関連事業への参加も視野に入れて岩手県奥州市への進出を決めた（「日本経済新聞」, 2013年5月10日）。

　3社統合によるトヨタ自動車東日本の発足をきっかけに、Tier1自動車部品企業の東北進出だけでなく、既存企業の自動車部品産業の参入

も期待される。出荷額は、2006年に約1兆2,300億円だったのが、2013年には約1兆6,300億円に上昇し、約30%増加したのである（「河北新報」、2015年7月25日）。そして、宮城県だけみても、2010年から2012年までの2年間に関東自動車岩手工場への新規受注が64件にも上り（「日経産業新聞」、2013年6月18日）、さらにトヨタ自動車東日本に納入する部品企業数は、2011年の97社から2015年には127社まで増加した（「河北新報」、2015年8月27日）のである。もっともこうした増加傾向にもかかわらず、東北地区が生み出す自動車関連出荷額は、全国シェアのわずかに2%程度に過ぎないのである。

　そのなかで東北では、トヨタ自動車東日本と取引する自動車部品企業などの200社が「TMEJ協力会」を立ち上げ、地元での取引拡大を図っている。また、人材育成という面では、トヨタ自動車東日本は、トヨタ東日本学園という訓練校を、宮城工場内に設立し、技術者の育成にも力を入れている。学園の生徒規模は、毎年20人と数は少ないが、1年間の寮生活で電気工学や機械工作の基本を学習するという（「河北新報」、2015年8月27日）。

　ちなみに、岩手県は自動車部品供給網の構築支援をはじめとする4つの戦略を盛り込んだ「岩手県自動車関連産業振興アクションプラン」を提示した。現地調達部品の拡大に向けて自動車部品企業40社を重点支援、裾野拡大に向けて100社を対象に支援する。トヨタ自動車東日本の稼働の加速化は、その部品調達範囲を徐々に拡大してきており、これまでの宮城、福島、岩手地域から山形地域まで広がっている。

3　東北地域のTier1、Tier2自動車部品メーカーの実態

　しかし我々が今回調査対象として取り上げた企業は、こうした関東・

東海地域から東北へ進出してきた企業ではない。以下取り上げる企業9社は、いずれも東北の地元にあって、新たに自動車産業へ参入し、成功するかもしくはそれに近い企業群である。彼らがいかにして自動車産業に進出したか、そして事業を拡大しているか。その苦闘の過程を紹介しながら、東北での自動車部品産業への参入の可能性を見てみることとしたい。

3-1　N社 - 自己改革を通じて自動車部品産業へ参入

　N社の創立は1976年だから、今から40年前ということになる。当初は、家電や半導体のプレス加工を主たる業務にしていた。N社が自動車産業への参入を決めたのは、2000年のことだから今から13年前のことである。きっかけは、関東自動車が東北に進出するという条件下で、プレス関連のサプライヤー探しが行われていたからである。名古屋の自動車部品二次プレスメーカーの見学会が行われたあと、自動車部品の世界への参入宣言したことに始まる。比較的スムーズに参入できたのは幸運としか言いようがない、とのことである。

　当時同社は、金型の設計と製作、精密板金を行っていたが、それに新たに自動車部品が加わったのである。参入は2000年からだが、実際の試練はそれ以降から始まった。不良品が出て、3年間は納入がスムーズには行かなかったからである。製品は400トンプレスを使っての小物部品であったが、当初は、不良品が出ても、交換すれば足りるという考え方で対処していたが、それではだめで、欠陥率を下げて対応するためには、全社挙げての意識改革が必要だった。N社では、こうした品質改善を5年間かけて実施することでやっと定着した。この間、自動車と電機の業界の性質相違を幾度となく経験した。要求される精度の違い、改善提案の重要性、納期厳守などで自動車業界は、要求がはるかに厳し

かった。

　しかし、収益が安定的に見込めることが魅力だった。5年たって自動車部門で収益をあげる見込みが立ったので、自動車部品専用の前沢工場を建設した。そして2005、06年の両年にロボットを導入、2007年には品質保証を受けて、平泉フタバから表彰された。さらに2011年には「アクラ」用に400トンプレスを導入した。売上は、板金3.5、自動車6.5の比率であるが、自動車は材料費や支給品が多いので、売上の80％に上ったという。社員数は当初の50名から160名へと拡大した。うち、自動車関係は110名で、全体の三分の二を占めている。現状では前沢工場は自動車部品を、一関工場は板金・家電工場というすみ分けになっている。家電と自動車部品の2本立ての経営となったのである。

　N社の特徴は、一関工場は小ロット生産で、板金部門では多種多様なものを生産しているが、金型の設計は内製化し、その製作は東海に外注で出しているという点にある。東北は、金型価格が高く、かつ金型生産は波があるので、外注に出す方が有利である。また板金は波があるが、利益率は大きい。自動車部品は、利益率は低いが、波が少なく、長期安定的に収益と受注が望めるので、経営上は有利である。また、品質管理の手法を自動車部門から学び、それを板金部門に移転できるのも全社的に好影響を与えてくれている。現在同社は完成車企業のTier2の位置を確固なものとするように努力奮闘中である。

3-2　C社 - 海外進出もありだが、まずメッキ技術で参入

　C社の創業は1946年。現在、仙台と北上に工場を有する。仙台工場は本社をはさんで北、東、南の三工場があり、北上団地には北上工場がある。仙台の北工場では半導体ICリードフレームの外装スズメッキを行っている。これまで24時間フル操業してきたが、ここに来て落ち込

んできたので 16 時間 2 直体制になっている。東工場では建材用のアルミニウム、アルミ合金のメッキを実施している。南工場では電子部品、自動車部品、精密機器への機能メッキを行っている。自動車部品関連では、元トヨタ東北向けにショックアブソーバーのメッキも行っていたが、このところ生産量は落ちてきている。他方北上工場では自動車部品や電子部品などの一般メッキや無電解メッキ、カチオン電装塗装などを実施している。ここではパイプ内部のメッキなど複雑な形状の部品を均一に実施する技術を持っており、これがこの工場の強みの一つとなっているという。ここでは「アクア」のインバータートレイを生産し、バレル処理を実施している。またオイルプレッシャーバルブの生産は多い時で 40 万本に上る。取引先ベースで見ると、仙台、北上両工場の自動車部品の売上比率を見た場合、仙台工場が約 30% であるのに対して、北上工場は約 70% と非常に高い比率となっている。従業員は日本国内で約 160 名である。

同社は、2003 年からフィリピンのバタンガス州に工場を新設した。以前から取引があった LED のフック材のメッキを現地で行う目的で進出した。しかし、フィリピンでの需要が落ちてきたので、今では LED は生産していない。フィリピン工場は、ここに来て円安と大手企業のフィリピン進出による受注増で黒字化し始めている。もっともフィリピン工場はすべてが手作業なので、従業員は多く、その数は 150 名に達し、従業員数では日本国内のそれと遜色はない。フィリピン以外では、中国のメッキ企業 I 社との間で技術支援を行いロイヤリティを受け取ってきたが、最近、契約は終了した。そのほか中国からは技術支援の要請はあるが、検討中で実施はしていない。ベトナム企業からの技術援助要請もあるが、現在は検討中である。

C 社の経営の 3 本柱は自動車、電機電子、半導体であるが、これからは自動車が中心となると想定している。C 社は、工場別に設備が異なる

点に特徴があり、注文を奪い合うことがないように工夫して各工場単体で売上を伸ばしてきた実績がある。自動車部門は、当初は、1990年に秋田のユニシアゼックス＜現日立オートモティブ＞工場からの受注を受けて始まった電機電子部品の生産がスタートのきっかけだった。その後フタバ産業からの「マークⅡ」用パイプメッキの受注、アイシンから小物部品のメッキなどの受注を受け、そして2001年にトヨタ自動車東北のショックアブソーバー部品のメッキを手掛けることができるようになった。トヨタは「アクア」の部品では、価格が安いにもかかわらず、品質が良いということでC社の製品を採用している。検査要員は北上が3名、仙台は5名＜専属＞である。

3-3　M社‐プラスチック成型で自動車部品産業へ参入、メキシコにも進出

　M社はプラスチック成型会社で、1965年に東京の板橋に創業した。68年に埼玉県新座市に本社工場を立ち上げ、1970年には一関第一工場を設立、その後は1983年に第二工場を、1998年には第二工場の大拡張を実施して需要に応える体制を作った。さらに2004年には工場を拡張して大物プラスチック成型部品の生産が可能となった。さらに2007年には岐阜県多治見に工場を新設し東北技術部門をそこに集約した。2010年には樹脂インレット部品の組み付けを行う工場を花泉に設立した。

　工場の構成を見ると、第一事業部は東京の本社で、営業活動、製品設計、生産技術、素材購入の主力拠点となっている。第二事業部は自動車部品部門に特化している。第三事業部は電機電子部門、第四事業部はOA機器である。そして技術部は金型専門工場で、設計・製作の専門工場である。海外生産拠点としては、2000年にメキシコのモンテレー

に自動車専門工場を設立した。従業員230人である。中国は2拠点で1995年には蘇州工場を、2001年には大連工場を設立した。大連工場は電機関係で、従業員290人である。蘇州工場では自動車以外の電子電気機器、ウォッシュレット、OA機器関係で、従業員は250人を数える。

　トヨタは国内生産300万台生産体制維持、うち東北で50万台生産を実施するという方針を持っており、これを受けてM社も大物プラスチック成型品の生産に重点を移していく方針だという。日本では製品設計、金型設計、成型試作、生産、量産、販売を担当し、成型機を230台保有している。従業員は約650名で、海外を含むと総数1,300人に上る。

　製品は、トヨタ合成経由でトヨタ東日本に納入されるが、それは会社全体で売上の95％以上を占め、第二事業部では自動車関連が100％を占める。以前は電子電機が中心だったが、今では自動車関係が中心である。M社は、関東自動車が東北に進出して以降2年目に自動車関係に参入した。他社より早く、電子部品から車部品に転換させていった。生産する成型部品は、内外装インパネの周辺部品、ハンドル、ピラー類、コンソール、エンジンカバー、ダクト関連、ＨＶ関係、タンク部分など多岐に及ぶ。部品点数では全体で数百種類を数える。第二工場には250トンから850トンの成型機を持っている。そこではエンジンカバーや燃料パイプ組み付けなど大物、複雑形状品を生産している。

　品質に関するトヨタの評価は厳しく、トヨタ合成から指導を受けている。

3-4　Ｔ社‐ドアミラー技術で自動車部品産業に参入

　Ｔ社は1963年に船橋市に設立された。都市化が進むなかで1990年に工場を宮城県花巻市に移転させた。環境問題で移転を余儀なくされたという方が正確だった。その際、本社も全部移転させた。Ｔ社は、自動

車用のドアミラーレンズを生産している。取引先は、理研、特殊ガラス・東海理化、増渕などで、日産を除く全自動車メーカーと取引している。日産には主に市光が納入しているため、主参入は困難である。T 社の従業員は 65 名で三分の二が直接要員である。

　T 社は 1990 年から、それまでの蒸着だけだった技術を改善して、ガラス曲げ、ガラス切断などの設備を増設し、一貫生産体制を確立することに成功した。日産系を除く取引先のなかでは、東海理化が主取引先である。以前は開明堂とも取引があったが、同社がドアミラーを内製化したため取引がなくなった。競争力を強化するため 2005 年から自動化ラインを導入し、これによりコストを 20％削減し、品質向上、不良率半減を実現した。

　同社の製法は、ミラー真空漂着でガラスに分子をぶつけるもので、被膜精度は、ナノ単位なので、豊富な水とその水質が重要で、洗浄が決め手となる。加えて安定的な電力供給も不可欠である。T 社はより高い技術を必要とする自動車部品関係のみ扱っている。もっとも今後は自動車のドアミラー法規制が改正されドアミラーがなくなる可能性が大である。その際は、ドアミラーはヘッドアップディスプレイに代わることが予想されるので、T 社は、航空機にはすでに採用されている反射ミラー分野に進出することも考えている。

3-5　KI 社 - 足回りプレス部品で生き残る

　KI 社は、横須賀にあった板金会社と関東自動車の合弁で設立され、東北に進出してきた。関東自動車の足回りプレス部品を生産する。小物部品は東海地区から調達していたが、大物・保安部品に関しては KI 社が担当した。関東自動車創立以降こうした手法で自動車生産を行ってきたが、2005 年から「ベルタ」を生産する段階になると骨格部品以外の

二次部品の生産も担当することが始まった。

現在の課題は、現調率を高めることである。トヨタの構想は、小物プレス部品も東北で作り上げる体制を作っていくことである。その際には、コスト、品質、納期のすべての点で東海地域の企業と同等のレベルが求められるので、現調率を向上させてコストダウンを図ることが絶対に必要となる。従業員は360人で、大半が直接要員で、製品開発はやっていない。製造技術が重要で、とりわけプレスと溶接の品質が鍵となる。KI社は電着塗装ラインを持っており、Tier1.5メーカーを目指している。東北での地場企業の開拓は難しいので、東北よりは北関東の企業を育成し、そこから調達する方向で動いている。「ベルタ」から「アクア」への変化で購買権は関東自動車に移ったが、部品を依然として東海地域から調達する体制に大きな変化はない。しかし、トヨタの調達責任者が東北のトップに来ているので、徐々に購買権は東北に移るであろうと考えている。この間、円高の下でタイやインドネシアへの生産シフトの結果、国内生産能力は確実に落ちてきており、東海地域の企業の力も落ちているので、彼らに支援を求めるわけにはいかない状況にある。

3-6　I社 - ダイカスト技術を武器に長い参入歴をもつ

I社の創設は1968年までさかのぼる。2013年現在で国内に5工場、海外はアメリカに1工場持っている。国内5工場の内訳は、アルミ、亜鉛、スクイズダイカスト、金型工程を擁する本社工場、アルミダイカストの坂元工場、鉄、ステンレス粉末射出成型の宮の脇工場、マグネシウムダイカストの茨田工場、特殊金型成型の埼玉工場、そしてアメリカのアリゾナ州の精密加工工場である。このうち2011年3月の東日本大震災で、茨田工場は津波により流失した。I社は、アルミや亜鉛ダイカストの自動車部品を生産して、ホンダ系のケーヒン（売上の20％）

やTHKグループ(15％)、カルソニックカンセイ(5％)、ボッシュ(5％)、トヨタ自動車（4％）などに納入している。また2013年からは、歯の矯正部品や内視鏡機器など一層精度を要求される医療機器の分野からの受注も増え始めている。資本金は2億円、従業員は318名（いずれも2013年4月現在）。ダイカストの高い技術を活動して、早くから自動車部品企業に参入しており、2013年現在で、売上の約80％が自動車部品なのである。

3-7　TE社 - 樹脂・金型設計で電機部品から自動車部品への参入に成功

　TE社の創立は1980年である。当初はプレス加工を行ってきた。オリジナル製品として太陽電池による標識の「太陽マーカー」を売り出して注目された。その後はアルプス電気の部品供給企業として樹脂成型や挽物加工品で電機業界に進出している。2013年現在、石巻の本社工場のほかに河北、河南、桃生、北村の4工場、これらに開発部門を加えた従業員総数は335名を数える。この企業が自動車部品産業に参入したのは2009年のことで自動車部品の専門工場として北村工場を立ち上げて以降のことである。自動車部品産業への参入のカギは、徹底した従業員教育にあるとTEの責任者は力説する。「社員ひとり一人が自ら考え、学び行動する事が基本」だとして、幹部研修、外部講師による研修、社内QCサークル発表会を頻繁に実施している。

3-8　K社 - 自動車部品産業への参入を目指す

　最後に東北で自動車産業への参入を目指している企業のK社を紹介しておこう。同社は1953年に切削加工をもって盛岡市で創業した。

その後事業を徐々に広げながら、1989年には盛岡市郊外の滝沢村に工場を移転している。その後1991年から数度にわたって工場を拡張し2012年には手狭になったので、盛岡西リサーチパークに移転して現在にいたっている。K社の大きな特徴は、その顧客数の多さにある。取引相手は、約100社で、オンデマンドで、基本設計が出来上がった製品の注文には即座に答える形で受注に応じている。こうした注文顧客の多さで、2008年以降のリーマン・ショックを乗り越えた。他社が50％から60％の受注落ち込みのなかでも、K社は24％の落ち込みですんだ理由もそこにある。現在の受注のメインはミスミと日立ハイテックで、両社併せると受注額の20％近くになる。従業員は約100名でうち30名近くは、営業、生産管理、検査である。間接要員が多いのは、3次元CADを導入し、より効率的な受注体制を整備、生産管理業務システムを自社開発したからであり、これと関連して多品種少量生産に即応した検査体制を整備したからである。その結果、試作品から量産品まで月に約6,000件受注して、通常ラインとは別に超短期ラインを設置して当日加工、翌日出荷を実施している。

　しかし、将来の経営安定のために、自動車部門への参入を考えている。まず、設備保全の受注から入って製品の注文を取る方向で参入を進めている。部品関連で受注が取れなくても、設備保全で受注のきっかけをつかむ場合があるからである。とりあえずトランスミッションのアルミ小物部品の切削加工から参入工作を開始したが、品質、価格、納期が厳しい状況で未だ参入は実現していない。したがって、現在売上は月収1億円で、そのうち自動車部品は200万円程度に過ぎない。

4　東北での部品メーカーの成長は可能か

　冒頭で東北での自動車部品産業の育成は厳しいことをのべた。しかし

3-1 から 3-7 までの事例が指し示すように、厳しい環境下にもかかわらず条件をクリアして参入に成功している企業が見られることを指摘した。もっともこうした参入済みの企業をとってみても「日本の国内生産は 300 万台を超えるというが、いまはそれほど忙しくはない」「東北は第三の拠点だというが、それほどの広がりはない」「現調を進めたいが、その受け皿がない」（I 社）といった声を聞く。

　しかし、自動車部品産業への参入を果たす場合の決め手は、3-1 に挙げた N 社の事例が典型的にしめすように、全社あげての自己改革の必要性であろう。特に電機産業で長年の経験をもった企業が新たに自動車部品産業に参入する場合には、リードタイムが長く、長期にわたって原価低減活動や、改善提案が求められる自動車産業では、電機産業と異なり長期にわたる腰を据えた従業員の教育陶冶が不可欠となる。これを上手に行っていくためには、全従業員あげての意識改革が不可欠となる。この点は 3-7 に挙げた TE 社の場合も同じである。

　また、自動車部品産業への参入には時間がかかるため、自動車部品以外の収入源を確保していない場合には参入は著しく困難となる。ここに挙げた多くの企業が、自動車部品以外に利益をあげ得る部門を持っていて、それを前提に自動車部品部門に入った所以である。3-1 の N 社を筆頭に、多くの企業が家電部門を片手に持っており、もう一つの手で自動車部品産業への参入を模索する所以でもある。

　海外展開は自動車部品産業への参入には不可欠の条件ではないが、参入後の経営拡大や受注拡大にはそれなりの意味を持っている場合が少なくない。たとえば、3-2 の C 社のフィリピン、中国展開、3-3 の M 社のメキシコ、中国展開、3-6 の I 社のアメリカ展開は、いずれも国内主取引企業からの要請で進出したものであり、参入後の国内取引の絆の強化に役立っていることは言うまでもない。また、円安に振れたこともあって、これらの海外企業の収益が日本の本社にプラスに寄与していること

も間違いない事実であろう。しかし、これらの海外進出組も経営基盤は国内の活動にあるわけで、それゆえに海外活動が生きていることを忘れるべきではなかろう。海外展開企業に助けられるようでは、本社の行く末はおぼつかないと言わざるを得ない。そういう意味では、海外展開で日本企業が活力を失って「空洞化」していくという見解は、産地の現実には該当しない。

　個々の企業の力が脆弱な場合にその隘路を突破する手段として留意されるべきは、共同受注体制の確立と拡大であろう。たとえば、3-1のN社の場合だが、岩手の女性経営者3人が取り組んでいる「ものづくりなでしこIwate」などの取り組みはそれに該当しよう（岩手産業研究所, 2013）。女性若手経営者3名が機械加工、半導体、ダイキャスト関連の3社連合を結成し、トヨタの小型ハイブリッド車「アクア」のエンジン回り部品の納入に成功した。「アクア」受注期のタイミングが良かった点もあるが、それを1社ではなく共同受注で成しえた点に注目する必要がある。2012年9月には秋田県からもう1社参加し、我々が訪問した時点では4社結成となっていた。

　もっとも東北地域で共同受注で自動車産業に参入できた事例はN社が最初ではない。2000年代半ば樹脂成型による車両用シート部品を生産していたC社が、他の同業3社とともに「プラ21」を結成し、展示商談会などで技術力を宣伝し、大型成形機の導入などにより関東自動車岩手工場（当時）のサテライト工場向けのシート関連部品の受注に成功している（小林・丸川, 2007）。したがって、今後は、こうしたビジネススタイルの拡大が望まれる。

　東北地区は、生産台数50万台規模の生産拠点が構築されんとしている。これは東北地区にとって部品企業発展の最大の好機であるといっても過言ではない。他の地域と比較して相対的に低い有効求人倍率により、この地域は賃金面でも人員採用面でも優位な条件を具備している。

しかしサポーティング・インダストリーという点では東北地域はいまだに十分ではない。この点は、関東や東海地域と決定的に異なる点であり、東北地域の弱点でもある。したがって、必要な部門は他地域からひいてくるか、さもなければ遠距離でも製品を出して補てんしなければならない。この点がコストの過重を生み、東北の自動車部品産業の競争力を著しくそぐ結果となる。

こうした欠陥を補填し、できるだけ地場で必要な部品を調達する諸手段を案出しつつ東北自動車産業は確実に伸びてきている、というのがこの地域の現状である。

おわりに

東北地区は、その生産台数50万台規模の基地が構築されんとしている。これは東北地区にとって部品企業発展の最大の好機であるといっても過言ではない。他地域と比較して相対的に低い有効求人倍率により、この地域は賃金面でも人員採用面でも優位な条件を具備している。

しかしサポーティング・インダストリーという点では東北地域はいまだに十分ではない。この点は、関東や東海地域と決定的に異なる点であり、東北地域の弱点でもある。したがって、必要な部門は他地域から企業誘致してくるか、さもなければ他地域からの供給に待たねばならない。この点がコストの過重を生み、東北の自動車部品産業の競争力をそぐ結果となる。これらの諸点をどう考慮して産業振興を進めていくかに、東北が抱える今後の課題があろう。

【引用・参考文献一覧】

序章

<日本語文献>

天野倫文・新宅純二郎・中川功一・大木清弘編（2015）『新興国市場戦略』有斐閣
上山邦雄（2014）『グローバル競争下の自動車産業 新興国における攻防と日本メーカーの戦略』日刊自動車新聞社
佐武弘章（1998）『トヨタ生産方式の生成・発展・変容』東洋経済新報社
新宅純二郎（2009・8）「資料：新興国市場開拓に向けた日本企業の課題と戦略」
　　http://yoneyama.net/Market%20Development%20Strategy.pdf
末廣昭（2014）『新興アジア経済論』岩波書店
西村英俊（2014）『アセアンの自動車・同部品産業と地域統合の進展』ERIA
日経テクノロジー（2015）『日経 Automobile』2015年10月号，日経BP社
森 健（2013・1）「新興国とは何か」
　　https://www.nri.com/jp/opinion/chitekishisan/2013/pdf/cs20130107.pdf

<外国語文献>

Carrillo, Jorge / Lurg, Yannick / Rob van Tulder(2004) "Cars, carriers of regionalism ?", New York : Palgrave Macmillan
Kluke, Paul (1960) "Hitler und das Volkswagenprojekt" ,*Vierteljahreshefte für Zeitgeschichte*,Vol. 8, No. 4, pp. 341-383

<ニュースリリース>

スズキ（2016・1・27）「スズキ 2015年12月および年間 四輪車生産・国内販売・輸出実績（速報）」
日産自動車（2016・1・27）「日産自動車 2015年12月度および2015年1月〜12月累計生産・販売・輸出実績（速報）」
ホンダ（2016・1・27）「2015年累計 および2015年12月度 四輪車 生産・販売・輸出実績〜2015年の世界、海外、北米、アジア、中国生産が暦年として過去最高を記録〜」
マツダ（2016・1・27）「マツダ、2015年12月および1〜12月の生産・販売状況について（速報）」
三菱自動車（2016・1・27）「三菱自動車 2015年12月度/2015年暦年 生産・販売・輸出実績」
富士重工業（2016・1・27）「富士重工業　2015年12月度および2015年暦年　生産・

国内販売・輸出実績（速報）」

＜インターネットサイト＞
Automotive News（2013）「TOP SUPPLIERS」
　www.autonews.com/assets/PDF/CA89220617.PDF
JAMA HP「日本の自動車産業」
　http://www.jama.or.jp/industry/industry/index.html
Manager Magazin（2014・12・9）"Volkswagen auf Sparkurs: Winterfest mit Winterkorn (Volkswagen's belt-tightening: Winterproof with Winterkorn)",
　http://www.manager-magazin.de/finanzen/boerse/aktien-kaufen-volkswagen-hofft-auf-den-dreh-an-der-kostenschraube-a-991008.html
THE LOCAL de HP（2015年9月24日）"Just how important are cars to the Germans ?", http://www.thelocal.de/20150924/what-the-vw-Scandal-means-for-germanys-economy
いすゞHP「企業情報　連結・単独業績の推移」http://www.isuzu.co.jp/investor/fact/achievement_7.html
トヨタ自動車HP「2015年トヨタの自動車生産台数」，http://www.toyota.co.jp/jpn/company/about_toyota/data/monthly_data/j001_15.html
日刊工業新聞HP（2014・9・17）「独ZF、米TRW買収　車部品で最大級に」
　http://www.nikkan.co.jp/articles/view/00314327
日本経済新聞HP（2013・7・13）「トヨタ、研究開発費7900億円に拡大　14年3月期」
　http://www.nikkei.com/article/DGXNASDD030GX_T00C13A7TJ2000/
マークラインズHP（2017・1・11）「自動車生産台数速報　韓国　2016年」，
　https://www.marklines.com/ja/statistics/flash_prod/productionfig_korea_2016

＜資料＞
FOURIN（2015・6）『世界自動車調査月報』No.358

第1章

＜日本語文献＞
小林英夫・金英善（2013）「中国市場の特性と主要自動車各社の市場戦略」，『早稲田大学自動車部品産業研究所紀要』11号，早稲田大学自動車部品産業研究所
向渝（2013）「中国市場をめぐる日産・東風の戦略提携─乗用車事業の急成長に関する分析」『赤門マネジメントレビュー』12巻1号，グローバルビジネスリサーチセンター（GBRC）
日経産業新聞（2013・1・21）「長城汽車（上）気付けば世界12工場に　日米横目に（グ

ローバルカー走る)」
日経産業新聞（2013・1・21）「長城汽車（上）厳しい規律でムダ省く　軍隊管理で低価格実現（グローバルカー走る）」
日経産業新聞（2013・1・23）「長城汽車（下）世界の部品結集原動力　ボッシュなどの技術吸収（グローバルカー走る）」
日本経済新聞（2013・7・3）「トヨタ、研究開発費7900億円に拡大　14年3月期」
日本経済新聞（2016・5・20）「台湾・裕隆、『走るスマホ』で中国市場に挑む」
沼崎一郎・佐藤幸人（2012）『交錯する台湾社会』アジア経済研究所
丸川知雄（2006）「中国自動車産業の部品供給と企業立地」財団法人 国際東アジア研究センター ペンシルベニア大学協同研究施設

＜外国語文献＞

Dunne, Michael J. (2011) "American Wheels, Chinese Roads. The Story of General Motors in China." Singapore: John Wiley & Sons (Asia)
Marukawa, Tomoo (2006) "The Supplier Network in China's Automobile Industry from a Geographic Perspective", *Modern Asian Studies Review*, Vol. 1, No. 1, pp. 77-102
Nam, Kyung-min (2011) "Learning through the international joint venture: lessons from the experience of China's automotive sector", *Industrial and Corporate Change*, Vol. 20, No. 3, pp. 855-907
Zhao, Zhongxiu/Lu, Zhi (2009) "Global Supply Chain and the Chinese Auto Industry", *The Chinese Economy*, Vol. 42, No. 6, pp. 27-44

＜ニュースリリース＞

GM China（2015・7・20）「AIC GM begins Chevrolet Sail 3 Family Sedan exports」
Haval（2016・3・4）NEWS Information on HAVAL's Parts Suppliers All World-famous Brands
VW（2013・2・1）「Audi opens Research & Development Center for Asia in Beijing」
VW（2014・7・7）「Volkswagen Konzern erweitert Produktionskapazität in China (Volkswagen Group expands production capacity in China)」
VW（2015・5・25）「Volkswagen inaugurates vehicle plant in southern Chinese city of Changsha」
トヨタ自動車（2013・3・6）「トヨタ自動車、新体制を公表－仕事の進め方変革を通じて『もっといいクルマ作り』『人材育成』を促進－」
トヨタ自動車（2013・3・27）「トヨタ自動車、『もっといいクルマ作り』に向けて『TNGA』の取り組み状況を公表」
トヨタ自動車（2013・8・9）「トヨタ、中国R&D新会社で鍬入れ式を実施」

日産自動車（2006・3・20）「東風汽車有限公司、新『東風日産乗用車技術センター』の竣工式を実施」
日産自動車（2011・12・16）「日産自動車株式会社による愛知機械工業株式会社の株式交換による完全子会社化について―中期経営計画『日産パワー88』達成に向けて―」
日産自動車（2013・6・19）「コモン・モジュール・ファミリー（CMF）：ルノー・日産アライアンス新たな開発手法」
日産自動車（2015・10・26）「日産自動車 中国で「ラニア」の販売開始〜中国の新世代の心をくすぐる大胆なデザインの中型セダン〜」
＜インターネットサイト＞
e燃費（2012・4・28）「【北京モーターショー 12】ヒュンダイの最量販セダン、エラントラ に中国専用仕様」, http://e-nenpi.com/article/detail/173747
GM China HP: Company Information
Pan Asia Technical Automotive Center Co. Ltd. (PATAC), http://media.gmchina.com/media/cn/en/gm/company/facilities/patac.html
Great Wall HP: Company R&D, http://www.gwm-global.com/company/rnd-capabilities.html
Hyundai Motor Company HP: Global Networks,
http://worldwide.hyundai.com/WW/Corporate/Network/GlobalNetworks/index.html
VW Group China HP「SHANGHAI VOLKSWAGEN IN BRIEF」
http://www.vwmedia.com.cn/LandingPage/AboutVW/ShanghaiVolkswagen_en.html
The Wall Street Journal 日本版 HP（2009・12・7）「上海汽車と GM、中国合弁の出資比率調整」, http://jp.wsj.com/layout/set/article/content/view/full/9159
人民日報 HP（2013・4・25）「トヨタ、新型ヤリスを中国に投入」
http://j.peoplecom.cn/94476/8238411.html
中央日報 HP（2014・12・31）「現代自動車、中国に第 4・第 5 工場を建設へ」
http://japanese.joins.com/article/725/194725.html
トヨタ自動車 75 年史 HP（2013）「第 4 章 第 4 節 中国地域への合弁進出　第 1 項 生産拠点の拡大」
http://www.toyota.co.jp/jpn/company/history/75years/text/leaping_forward_as_a_global_corporation/chapter4/section4/item1.html
トヨタ自動車 75 年史 HP（2013）「第 4 章 第 4 節 中国地域への合弁進出　第 2 項 自動車生産の急増に対応」,
http://www.toyota.co.jp/jpn/company/history/75years/text/leaping_forward_as_a_global_corporation/chapter4/section4/item2.html
マークラインズ HP（2012・8・15）「VW 2018 年に 1,000 万台販売を目指し、中国／

米国で攻勢　モジュラー戦略 MQB を採用した Audi A3、Volkswagen Golf を 2012 年に投入」,
　http://www.marklines.com/ja/report/rep1099_201208
マークラインズ HP（2015・1・14）「自動車生産台数速報 中国 2014
　http://www.marklines.com/ja/statistics/flash_prod/productionfig_china_2014
毎日経済新聞（2015・4・27）, http://japan.mk.co.kr/
レスポンス（2012・3・21）「【日産 ダットサン 復活】片桐副社長、8％シェア「達成手段のひとつ」, http://response.jp/article/2012/03/21/171685.html
レスポンス（2013・12・2）「【広州モーターショー 13】ヒュンダイの中国ミドルセダン ミストラ…市販版を初公開」, http://response.jp/article/2013/12/02/212113.html
レスポンス HP（2014・11・6）「VW、中国新工場が稼働…デュアルクラッチ生産開始」, http://response.jp/article/2014/11/06/236694.html
レスポンス HP(2016・4・27)「【北京モーターショー 16】アウディ A4 新型にロングホイールベース…中国専用の『L』」, http://response.jp/article/2016/04/27/274371.html
ロイター HP（2012・4・24）「独ＶＷが中国ウイグル自治区に新工場、180 億円投資へ」, http://jp.reuters.com/article/tye83m07m-volkswagen-china-urumqi-idJPTYE83M07N20120423
ロイター HP（2015・10・22）「ホンダ、中国経済減速で現地新工場計画いったん見送り」, http://jp.reuters.com/article/honda-c-idJPKCNOSGORX20151022

＜資料＞
FOURIN（2012・1～2012・12）『中国自動車調査月報』
FOURIN（2013・1～2013・12）『中国自動車調査月報』
FOURIN（2014・1～2014・12）『中国自動車調査月報』
FOURIN（2015・1～2015・12）『中国自動車調査月報』

第2章

＜日本語文献＞
JETRO（2014）『ジェトロセンサー』7 月号 p.62-63, 日本貿易振興機構
穴澤眞（2010）『発展途上国の工業化と多国籍企業』文眞堂
石川幸一ほか編（2013）『ASEAN 経済共同体と日本』文眞堂
公益財団法人国際通貨研究所（2013・8・19）「インドネシアのインフラ事情」
酒向浩二（2014・1・27）「ASEAN で相次ぐ最低賃金引き上げ」みずほ総合研究所
清水一史（2005）「ASEAN と地域主義」, 東京大学社会科学研究所（ISS）Comparative Regionalism Project (CREP),Discussion Paper, Discussion Paper No.3

清水一史ほか編（2015）『現代 ASEAN 経済論』文眞堂
鈴木基義（2013）「変貌するラオスの社会と経済」JICA ラオス事務所
デトロイトトーマツ編（2013）『自動車産業 ASEAN 攻略』日経 BP 社
西村英俊（2012）「ASEAN 経済共同体ブループリント中間評価を踏まえて」,『早稲田大学自動車部品産業研究所紀要』9 号, 早稲田大学自動車部品産業研究所
日経産業新聞（2016・2・9）「ベトナム、裾野産業育成政策、繊維や車、電子部品、10 年で 92 億円投資 専用工業団地建設進む」
日本経済新聞（2012・6・25）「アジア企業戦略解剖　タタ自動車（インド）、低所得者開拓に誤算 二輪から乗り換え進まず」
日本経済新聞（2012・8・21）「スズキ工場、厳戒下の再開　インド暴動から1ヵ月－周辺に警官 500 人」
日本経済新聞（2014・3・11）「100 万円車、インドで台頭　低価格タタ自『ナノ』失速 セダンや SUV、ホンダなど躍進」
野村俊郎（2015）『トヨタの新興国車 IMV －そのイノベーションと組織』文眞堂
坂東達郎（2015）『日本企業のアセアン事業の現状と展望』日本総合研究所
東アジア・アセアン経済研究センター編（2012）『アセアンの自動車・部品産業と地域統合の進展』
平塚宏和（2015）「ASEAN『市場統合』の宿題と現実のギャップ」みずほ総合研究所

<外国語文献>
Agustin, Tristan L.D./Schröder, Martin（2014）"The Indian Automotive Industry and the ASEAN Supply Chain Relations", Economic Research Institute for ASEAN and East Asia (ERIA) Research Project Report 2013-7, Chapter 5. Jakarta: ERIA

<ニュースリリース>
アスモ（2013・10・2）「アスモ、ミャンマーでの新生産拠点設立について」
いすゞ（2001・1・12）「いすゞ、GM1t ピックアップトラック生産の一部を GM タイランドへ委託することで合意－両社共同開発による次世代モデルより実施－」
カルソニックカンセイ（2014・9・30）「カルソニックカンセイ、インドでコンプレッサーの生産を開始」
スズキ（2013・2・6）「スズキ、ミャンマーでの子会社設立について 100％出資子会社がミャンマー政府に認可される」
スズキ（2013・9・19）「スズキ、インドネシアでエコカー『ワゴン R』を発表－インドネシアでの生産体制を強化－」
ダイハツ（2006・12・14）「ダイハツ、インドネシアで新型 SUV を発表」
ダイハツ（2013・9・9）「ダイハツ、インドネシア専用車『アイラ』の販売を開始」

トヨタ自動車（2012・9・19）「ダイハツ、トヨタへ OEM 供給 インドネシアでの新たな協業を発表－革新的な新型車で新たな市場を創造」
トヨタ自動車（2014・3・26）「トヨタ、インドネシア製セダンを中近東に輸出 アセアン域外に輸出先を拡大」
トヨタ自動車（2016・1・29）「トヨタ自動車とダイハツ工業、両ブランドで小型自動車事業強化－ダイハツ工業を完全子会社化 グローバル事業一本化－」
トヨタ紡織（2014・5・19）「トヨタ紡織、ラオスで自動車用シートカバーの生産を開始－アジア・オセアニア地域で最適な生産・物流体制を構築－」
日産自動車（2010・5・24）「日産自動車、新型『マイクラ』をインドで生産開始」
日産自動車（2010・6・30）「日産自動車、タイから新型グローバルコンパクトカー「マーチ」の輸出を開始－高品質と価格競争力とを両立する新しいビジネスモデルが本格稼働－」
日産自動車（2014・5・8）「ダットサン、インドネシアでダットサン『GO＋Panca（ゴープラス パンチャ）』を発売」
日産自動車（2015・10・29）「ダットサンブランド拡大に向けた方針を発表 ダットサン『GO-cross コンセプト』を世界初公開」
日産自動車（2016・2・17）「日産自動車、ミャンマーでの自動車生産を開始」
ホンダ（2009・3・11）「インドネシアで『フリード』を生産・販売・輸出開始」
ホンダ（2013・9・19）「アジア市場向け MPV『ホンダモビリオ』のプロトタイプをインドネシア国際モーターショーで発表」
ホンダ（2015・10・31）「タイでアジア大洋州四輪研究所を設立し、研究体制を強化」
マツダ（2012・4・25）「マツダとフォード、オートアライアンス・タイランド社のピックアップトラックの生産能力増強に 2,700 米ドルを追加投資」
三菱自動車（2015・2・9）「新型ピックアップトラック『トライトン』の輸出を開始」

<インターネットサイト>
Business Week（2013・4・11）「Tata's Nano, the World's Cheapest Car, Is Sputtering」
http://www.businessweek.com/articles/2013-04-11/tatas-nano-the-worlds-cheapest-car-is-sputtering
Cambodia Business Partners HP（2016・2・23）「インド自動車会社、カンボジアで工場建設計画」
http://business-partners.asia/cambodia/20160223/
Chevrolet Thailand HP: About GM Thailand,
http://en.chevrolet.co.th/about-us/about-gm-thailand.html
Hindustan Times（2013・5・5）「Popularity continues to elude Nano, sales down 88%」

http://www.hindustantimes.com/autos/auto/popularity-continues-to-elude-nano-sales-down-88/article1-1055088.aspx

Indian Express HP（2012・4・26）「Two years on, Tata Nano sales yet to hit top gear」
http://archive.indianexpress.com/news/two-years-on-tata-nano-sales-yet-to-hit-top-gear/941736/0

Newsclip（2013・8・29）「タイ、第2期エコカー政策始動 小型車製造に優遇税制」、http://www.newsclip.be/article/2013/8/29/18858.html

Perodua HP: Perusahaan Otomobil Kedua, http://www.perodua.com.my/corporate/company

RMA Cambodia: Location Sihanoukville,
http://www.cambodia.rmagroup.net/locations/shihanoukville

SCKT HP「タイの自動車部品メーカー」、http://www.sc-kim-taekwondo.com/parts-manufacturer.html

Tang Chong Motor Holdings Berhad: Corporate Information, http://www.thachong.com.my/

Tang Chong International: INVESTOR RELATIONS TCIL
https://www.tanchong.com/en/investor_relations.aspx

THACO: About us Overview Introduction, http://www.thacogroup.vn/en/about-us/

The Phnom Penh Post（2011・3・2）「First Car Factory aims to establish new brand」
http://www.phenompenhpost.com/business/first-car-factory-aims-establish-new-brand

The Wall Street Journal 日本版 HP（2013・8・27）「中南米で復活を目指すトヨタ」、
http://jp.wsj.com/articles/SB10001424127887324361104579037400472

TKAP: Growth Chart, http://tkap.com/index.php/about-us/growth-chart.html

TOYOTA THAILAND HP: Products, http://www.toyota.co.th/en/index.php

TOYOTA VIETNAM HP: Giá xe, http://www.toyota.com.vn/cong-cu-ho-tro/bang-gia#view_table

朝日新聞デジタル（2012・5・24）「トヨタが50万円車 インドで生産・販売へ 16年度めど」
http://www.asahi.com/car/news/NGY201205230050.html

インド新聞（2011・3・1）「デンソー、インド向けに4輪の熱交換器：トヨタ『エティオス』に搭載」
http://indonews.jp/2011/03/4-59.html

インド新聞（2013・4・13）「ホンダ、セダン『アメイズ』発売」、http://indonews.jp/2013/04/post-7004.html

インドネシア news W.indonesia HP（2013・7・18）「上限は9,500万ルピア 優遇税制

『LCGC』の条件定まる」,http://indonesia-news.biz/?p=2456
東洋経済 ONLINE（2013・10・4）「インドネシアで過熱する"低価格車"バトル 攻めるホンダ・日産、守るダイハツ」,
　　http://toyokeizai.net/articles/-/20899
トヨタ自動車 75 年史 HP（2013）「第 4 章　第 3 節 アジア市場の広がりとオセアニア地域　第 1 項 停滞から成長へ」
　　http://www.toyota.co.jp/jpn/company/history/75years/text/leaping_forward_as_a_global_corporation/chapter4/section3/item1.html
トヨタ自動車 75 年史 HP（2013）「第 4 章　第 3 節 アジア市場の広がりとオセアニア地域　第 3 項 域内支援体制の促進」
　　http://www.toyota.co.jp/jpn/company/history/75years/text/leaping_forward_as_a_global_corporation/chapter4/section3/item3.html
日本経済新聞電子版（2015・7・15）「三菱自、フィリピンで小型車生産 100 億円投資 年 3 万台」
　　http://www.nikkei.com/article/DGXLASDZ10HVR_U5A710C1TI1000/
日本経済新聞 HP（2016・2・16）「フィリピン、出稼ぎ変調 経済好調で労働者国内回帰」
　　http://www.nikkei.com/article/DGXLASGM15H4W_W6A210C1FF2000/
認定 NPO 法人ブリッジエーシアジャパン HP「ミャンマーの活動 橋・自動車・機械」,
　　http://www.baj-npo.org/Activity/M_Activity/index2.html
マークラインズ HP（2013・9・13）「ホンダ 新興国市場での急速な拡大を計画－新興国拠点の生産能力と開発体制を強化、現地調達率を拡大」,
　　http://www.marklines.com/ja/report/rep1204_201309
マークラインズ HP（2015・1・22）「自動車販売台数速報 タイ 2014」
　　https://www.marklines.com/ja/statistics/flash_sales/salesfig_thailand_2014
レスポンス（2013・3・1）「トヨタ、インド新工場で開所式典 エティオスのエンジン生産」
　　http://response.jp/article/2013/03/01/192551.html
レスポンス（2013・9・13）「ホンダ、インドネシアで ブリオ・サティヤ を発表…ローコスト・グリーンカー政策対応車」,http://response.jp/article/2013/09/11/206135.html
レスポンス（2014・1・17）「ホンダ、マラッカ工場に第 2 生産ライン ハイブリッド生産」
　　http://response.jp/article/2014/01/17/215203/html
レスポンス（2014・2・7）「【デリーモーターショー】トヨタ エティオスクロス発表、インド巻き返し図る」,http://response.jp/article/2014/02/07216741

＜資料＞
ASEAN AUTOMOTIVE FEDERATION（2015）『Asean Automotive Federation 2014 Statistics』

FOURIN (2012・1 〜 2012・12)『アジア自動車調査月報』
FOURIN (2013・1 〜 2013・12)『アジア自動車調査月報』
FOURIN (2014・1 〜 2014・12)『アジア自動車調査月報』
FOURIN (2015・1 〜 2015・12)『アジア自動車調査月報』
L.Y.P Group『L.Y.P Group Brochure』
Toyota Motor Asia Pacific 提供資料 (2014)「トヨタのアセアン部品調達システム」
国際協力銀行 (2014)『マレーシアの投資環境』

第3章

＜日本語文献＞

JETRO (2014)「欧州企業の対ロシアビジネス現状」
在イスタンブール日本国総領事館 (2014・5・16)『Istanbul Weekly』vol.3-No.17
坂口泉、富田栄子 (2012)『ロシアの自動車市場―激戦区のゆくえ』東洋書店
富山栄子 (2016)「ロシア自動車産業サプライチェーンの現状と課題」ユーラシア研究所

＜外国語文献＞

Athreye Suma et al.(2014) "Internationalisation of R&D in Emerging Markets: Fiat's R&D in Brazil, Turkey and India", *Long Range Planning*, Vol. 47, Issues 1-2, pp. 100-114

Duruiz, Lale (2004) "Challenges for the Turkish Car Industry on its Way to Integration with the European Union", pp. 91-103, in: Carillo, Jorge et al. (eds.): Car, carriers of regionalism? Houndsmills: Palgrave Macmillan.

Frigant, Vincent/Layan, Jean-Bernard (2009) "Modular Production and the New Division of Labor Within Europe", *European Urban and Regional Studies*, Vol.16, No.1, pp.11-25

Frigant, Vincent/Miollan, Stéphane (2014) "The geographical restructuring of the European automobile industry in the 2000s", *MPRA Paper*, No.53509

Havas, Attila (2007) "The Interplay between Innovation and Production Systems at Varioous Levels: The case of the Hungarian automotive industry", paper presented at the 5th International GLOBELICS Conference "Regional and National Innovation Systems for Development, Competitiveness and Welfare", Saratov, Russia, September 19-23, 2007

Karabag, Solmaz Filiz/Berggren, Christian (2014): " Joint ventures or Independence? Alternative Ways of R&D Capability Building at Emerging Economy Firms." Paper to be presented at the DRUID Society Conference 2014,

CBS, Copenhagen, June 16-18
Klier, Thomas/McMillen, Den (2013) "Agglomeration in the European automobile supplier industry", *Federal Reserve Bank of Chicago Working Paper 2013-2015*
Lydia Gordon (2012), Euromonitor International
Özatagan, Güldem (2011) "Dynamics of Value Chain Governance: Increasing Supplier Competence and Changing Power Relations in the Periphery of Automotive Production – Evidence from Bursa, Turkey", *European Planning Studies*, Vol. 19, No. 1, pp. 77-95
Pavlinek, Petr/Janák, Lubos (2007) "Regional Restructuring of the Skoda Auto Supplier Network in the Czech Republic", *European Urban and Regional Studies*, Vol.14, No.2, pp.133-155
Pavlinek, Petr (2008) "A Successful Transformation? Restructuring of the Czech Automobile Industry", Heidelberg: Physica Verlag
Pavlinek, Petr et al. (2009) "Industrial upgrading through foreign direct investment in Central European automotive manufacturing", *European Urban Regional Studies*, Vol.16, No.1, pp.43-63
Pavlinek, Petr/Zenka, Jan (2011) "Upgrading in the automotive industry: firm-level evidence from Central Europe", *Journal of Economic Geography*, Vol.11, No.3, pp.559-586
van Tuijl, Erwin (2013) "Car makers and regional upgrading in Central and Eastern Europe: A comparison of Renault and Hyundai-Kia", pp. 116-131, in: van Dijk, Meine Pieter et al. (eds.): From urban systems to sustainable competitive metropolitan regions. Essays in honour of Leo van den Berg. Rotterdam: Erasmus University.
Wasti, S. Nazli et al. (2006) "Buyer-supplier relationships in the Turkish automotive industry", *International Journal of Operations & Production Management*, Vol. 26, No. 9, pp. 947-970

＜ニュースリリース＞
Bosch in Russia (2012・12・18)「Strengthening its global presence: Bosch plans new plant in Russia. Samara as future manufacturing site for automotive technology」
Continental Corporation (2014・6・5)「Continental opens a new high-tech production facility for engine components in Russia」
トヨタ自動車 (2013・9・18)「トヨタ自動車、ロシア工場での RAV4 生産を決定」
トヨタ自動車 (2016・10・20)「トヨタ自動車、ポーランドにてハイブリッド用トランスアクスルとガソリンエンジンを生産」

豊田通商（2013・2・13）「日本企業初 ロシアで自動車トランスミッション・シフターシステムを生産」
トヨタ紡織（2007・12・21）「ロシアで自動車用シートの生産を開始」
日産自動車（2012・8・29）「新型『アルメーラ』を発表 ロシア市場向け専用に開発し、現地で生産される新型『アルメーラ』で主流市場へ高級感のあるモデルを投入」
マツダ（2015・9・4）「マツダとソラーズ、ウラジオストクの合弁会社におけるエンジン工場設立に向けた覚書を締結」
三井物産（2013・2・18）「ロシア極東におけるトヨタブランドの自動車組立事業への参画」
三菱自動車（2012・7・4）「三菱自動車とPSA プジョー・シトロエン社、ロシア工場での本格生産を開始」
三菱自動車（2013・7・2）「三菱自動車、ロシア工場で中型SUV『パジェロスポーツ』の生産開始」

＜インターネットサイト＞
Autosurvey.JP HP（2013・11・1）「ビステオンの電子機器部門、ロシア合弁の過半数株取得」
　　http://www.autosurvey.jp/index.php?section=news&action=view&id=3697
Avrupa gazeta（2014・6・24）, http://gazeteoku.avrupagazete.com/
GM-AUTOVAZ: About Company, http://gm-avtovaz.ru/en/company/chevrolet_niva/
Hürriyet（2014・3・19）Turkey disappointed as Volkswagen opts for Poland,
　　http://www.hurriyetdailynews.com/turkey-disappointed-as-volkswagen-opts-for-poland.aspx?pageID=238&nID=63803&NewsCatID=345
Invest in Izmir (undated): http://www.investinizmir.com/en/
Invest in Kocaeli: Automotive sector
　　http://www.investinkocaeli.com/content_automotive?mode=2&MenuId=396
Invest in Turkey: Success Stories TOYOTA
　　http://www.invest.gov.tr/en-US/successstories/Pages/Toyota.aspx
Invest in Turkey (undated): Automotive
　　http://www.invest.gov.tr/en-US/sectors/Pages/Automotive.aspx
Invest in Turkey（2015・9・4）「Mercedes-Benz celebrates 20th anniversary of Turkish plant, set to invest more」, http://www.invest.gov.tr/en-US/infocenter/news/Pages/040915-mercedes-benz-turk-hosdere-bus-plant-20th-anniversary.aspx
JETRO 世界のビジネスニュース（通商弘報）HP（2012・12・27）「『中古車天国』の極東で新車販売が拡大―ロシア自動車・部品産業セミナー (2) ―」
　　https://www.jetro.go.jp/biznews/2012/12/50da9c81226c8.html
JETRO 世界のビジネスニュース（通商弘報）HP（2015・3・23）「GM、ロシア事業縮

小を発表―サンクトペテルブルクの自社工場閉鎖へ―」
　　https://www.jetro.go.jp/biznews/2015/03/550f68f9c96a8.html?media=pc.html
NNA Europe HP（2015・12・21）「ダイムラー、ハンガリー工場に追加投資」
　　http://europe.nna.jp/articles/show/20151221dem001A
TASS（2015・4・21）「Russia's AVTOVAZ car manufacturer assembles LADA XRAY pilot prototype」
　　http://tass.ru/en/economy/790817
The Wall Street Journal日本語版 HP（2013・6・13）「アウディ、A3セダンの大量生産に向けてハンガリー工場を拡張」、http://jp.wsj.com/articles/SB10001424127887326504304578542813605227972
中央日報日本語版 HP（2011・11・29）「酷寒でもエンジンかかる現代車、ロシア消費者の心を溶かす」
　　http://japanese.joins.com/article/897/146897.html?sevcode=80
日産自動車 HP「海外の主な事業所 欧州」
　　http://www.nissan-global.com/JP/COMPANY/PROFILE/EN_ESTABLISHMENT/EUROPE/
日本経済新聞 HP（2012・2・29）「フィアット、ロシアで新型車生産 クライスラーの技術活用」
　　http://www.nikkei.com/article/DGXNASGM2900W_Z20C12A2EB2000/
日本経済新聞 HP（2012・12・12）「ロシア自動車最大手買収で合意、日産・ルノー」、http://www.nikkei.com/article/DGXNASDD120L6_S2A211C1TJ1000/
日本経済新聞 HP（2015・8・18）「トヨタSUV、ロシア極東の生産終了 輸出に転換」、http://www.nikkei.com/article/DGXLASDZ18HBD_Y5A810C1MM0000/
メタルワン HP（2011）「Nifast Hungry Kft 自動車用ファスナーのディストリビューター スズキ向けに500アイテム以上を供給」、http://www.mtlo.co.jp/jpvalueone/international/hungary/hungary.html
モーニングスター HP（2013・7・1）「＜新興国eye＞中国・長城汽車、ロシア極東地方に自動車工場建設」、http://www.morningstar.co.jp/msnews/news?rncNo=1096334
レスポンス（2013・12・3）「フォルクスワーゲングループ、ロシアGAZへの生産委託が1周年」
　　http://response.jp/article/2013/12/13/212914.html
聯合ニュース（日本語版）HP（2014・9・9）「現代自動車会長が休み返上　インド・トルコ工場を視察」、http://japanese.yonhapnews.co.kr/economy/2014/09/09/0500000000AJP20140909001700882.HTML
ロイター HP（2012・10・5）「仏ルノーがトルコへの生産移転拡大へ、労組・政府と対立も」、http://jp.reuters.com/article/tk8213828-renault-clio-idJPTYE89405R20121005

ロイター HP（2014・11・20）「米フォード、ルーマニアで社員の 20% を削減へ」，http://jp.reuters.com/article/romania-ford-layoff-idJPL3N0T952V20141119

＜資料＞
JETRO（2012）『ロシアの自動車部品企業』

第 4 章

＜日本語文献＞
指宿宇吾（2012）「新ブラジル自動車産業政策」，『早稲田大学自動車部品産業研究所紀要』9 号，早稲田大学自動車部品産業研究所
土橋泰智（2014）「ブラジル自動車産業の現状と今後の見通し」，『Mizuho Industry Focus』，Vol.149
西島章次（2010）「ブラジルのモータリゼーションと自動車産業の現状」，『JAMAGAZINE』，Vol.44
日経産業新聞（2015・8・27）「ブラジル、新車販売 21% 減、1~7 月、消費回復兆し見えず トヨタ・ホンダは健闘」
星野妙子（2010）「リーマンショック後のメキシコ経済」JETRO アジア経済研究所
星野妙子（2014）『メキシコ自動車産業のサプライチェーン　メキシコ企業の参入は可能か』JETRO アジア経済研究所
メキシコ大使館（2013・11）「メキシコ自動車産業の展望」メキシコ大使館商務部 PROMEXICO
矢崎総業（2014）「矢崎のグローバル展開 1　海外ネットワーク北南米編」『YAZAKI INFORMATION』，Vol.20

＜外国語文献＞
Barreira Gerbelli, Milena/Ibusuki, Ugo（2015）"INNOVAR-AUTO's contribution in technological innovation and increase of competitiveness of the Brazilian Automobile Industry", *Journal of the Research Institute of Auto Parts Industries, Waseda Univ.*, No.15, pp.29-42
Contreras, Oscar et al.（2010）"The Creation of Local Suppliers within Global Production Networks: The Case of Ford Motor Company in Hermosillo, Mexico", *Actes du GERPISA*, No. 42, pp. 23-39
Contreras, Oscar et al.（2011）"Local Entrepreneurship within Global Value Chains: A Case Study in the Mexican Automotive Industry", *World Development*, Vol. 40, No. 5, pp. 1013-1023
Klier, Thomas/Rubenstein, Jim（2011）"Configuration of the North American

and European auto industries – a comparison of trends", *European Review of Industrial Economics and Policy*, No. 3, (http://revel.unice.fr/eriep/index.html?id=3369)

＜ニュースリリース＞
Daimler（2015・10・15）「Product Offensive of Mercedes-Benz Trucks and Vans in Brazil」
Magneti Marelli（2012・10・12）「Magneti Marelli: more than 10 million vehicles equipped with its Flex technology in Brazil」
デンソー（2012・7・18）「デンソー、ブラジルの新工場およびテクニカルセンターの開所式を挙行」
トヨタ自動車（2015・1・30）「トヨタ自動車、ブラジルでエティオスの生産能力を増強」

＜インターネットサイト＞
ANFAVEA（2016）: Estatisiticas 2015, http://www.anfavea.co.br/tables2015.html
Bosch Brazil: Our Company Bosch in Brazil,
  http://www.brasil.bosch.com.br/en/br/br_main/our_company_1/our-company-lp.html
Boston Consulting Group（2014）"Mexico's Manufacturing Cost Competitiveness: A Rising Global Star",
  https://www.bcgperspectives.com/content/articles/lean_manufacturing_globalization_mexico_manufacturing_cost_competitiveness/
Enrirue Dusssel Peters（2012） http://dusselpeters.com/
FIAT Brazil: FIAT COMEMORA 39 ANOS DE BRASIL COM MODERNIZAÇÃO DA PLANTA E COLEÇÃO INSPIRADA EM AUTOMÓVEIS HISTÓRICOS,
  http://www.fiat.com.br/mundo-fiat/novidades-fiat/institucional/fiat-comemora-39-anos-de-brasil-com-modernizacao-da-planta-e-colecao-inspirada-em-automoveis-historicos.html
Ford Brazil: História, Apresentação, http://www.ford.com.br/ford/sobre-a-ford/historia
Industria Nacional de Autopartes（INA） HP：http://www.ina.com.mx/
JETRO 世界のビジネスニュース（通商弘報）HP（2012・4・13）「13 年以降の自動車の IPI 税規則を発表（ブラジル）」, https://www.jetro.go.jp/biznews/2012/04/4f866b3f1adb0.html
JETRO 世界のビジネスニュース（通商弘報）HP（2015・3・20）「ブラジルとの自動車協定が改定 無関税輸出制限枠を 4 年間延長（ブラジル・メキシコ）」,
  https://www.jetro.go.jp/biznews/2015/03/550a264e831a8.html

NNA ASIA 電子版（2017・2・3）「車部品はメキシコで先行者利益を、日鉄住金物産」
https://www.nna.jp/news/print/156608/

UACJ 工業 HP:UACJ Metal Compornents Central Mexico, S.A. de C.V.
http://umc.uacj-group.com/company/network/central-mexico.html

Volkswagen: Volkswagen Group 62 years of history in Brazil,
http://www.volkswagenag.com/content/vwcorp/info_center/en/themes/2015/03/Volkswagen_do_Brasil_22_milionth_vehicle/62_years_of_history_in_Brazil.html

ZF Magazine: Daring to succeed
https://www.zf.com/corporate/en_de/magazine/magazine_artikel_viewpage_22079144.html

中央日報日本語版 HP（2012・11・12）「現代自動車、ブラジルに年産15万台のエンジン工場完工」
http://japanese.joins.com/article/947/162947.html

中央日報日本語版 HP（2014・8・28）「起亜自動車、メキシコの年産30万台の工場建設へ」
http://japanese.joins.com/article/403/189403.html?ref=mobile

東京新聞電子版（2017・4・27）「メキシコに中小部品メーカーの勝機あり　米『国境税』見送り」
http://www.tokyo-np.co.jp/article/economics/list/201704/ck2017042702000133.html

トヨタ自動車75年史 HP（2013）「第2章　第9節 量産量販に向けての準備　第3項 中南米諸国への進出」
https://www.toyota.co.jp/jpn/company/history/75years/text/taking_on_the_automotive_business/chapter2/section9/item3_a.html

独立行政法人農畜産業振興機構 HP（2012・9）「ブラジルのバイオエタノールをめぐる動向」
http://www.alic.go.jp/joho-s/joho07_000557.html

日本経済新聞（2011・11・16）HP「中国自動車大手、ブラジルで現地生産 国内減速し海外シフト」
http://www.nikkei.com/article/DGXNASGM1501Q_V11C11A0FF8000

日本経済新聞電子版（2016・4・2）「日系企業、メキシコ進出1000拠点に　車産業けん引」
http://www.nikkei.com/article/DGXLASGM01HAK_S6A400C1MM0000/

マークラインズ HP（2012・4・27）「ブラジル政府が輸入車の税率をアップ メキシコからの無関税輸入を3割減　アルゼンチン政府は、自動車メーカーに輸出促進を要請」
https://www.marklines.com/ja/report/rep1068_201204

マークラインズ HP（2015・1・9）「ブラジル販売・輸出・生産台数（2014年）」，
  http://www.marklines.com/ja/stastics/flash_sales/salesfig_brazil_2014
三井物産戦略研究所（2016・5・2）「成長を続けるメキシコ自動車産業の課題と展望」，
  https://www.mitsui.com/mgssi/ja/report/detail/1220974_10674.html
メヒココンサルティング HP（2016・2・8）「メキシコ工業団地 最新動向」，
  http://www.mexbiz.jp/2016/02/19/439/

<資料>
JETRO（2010）『進展する米国の対ブラジル・ビジネス―主要セクターの動向―』
JETRO（2013）『2012年 世界主要国の自動車生産・販売動向』

第5章

<日本語文献>
朝日新聞【宮城県版】（2015・7・31）「『第3の拠点』トヨタ東日本が存在感 大衡工場で新型車セレモニー」
岩手経済研究所（2013）『岩手経済研究』，No.371
折橋伸哉・目代武史・村山貴俊編著（2013）『東北地方と自動車産業』創成社
河北新報（2015・7・25）「社説 東北の自動車産業『次の10年』の戦略を練る時だ」
小林英夫・丸川知雄（2007）『地域振興における自動車・部品産業の役割』社会評論社
清晌一郎（2011）『自動車産業における生産・開発の現地化』社会評論社
東北ものづくりコリドー編（2014）『東北産業マップ』東北ものづくりコリドー
日経産業新聞（2013・6・11）「シロキ工業、宮城に工場2億円投資 窓部品など来年稼働」
日経産業新聞（2013・6・18）「宮城の企業、車メーカーと取引64件 11～12年度 量産部品や設備」
日本経済新聞【東北版】（2013・5・10）「日本電化工機、奥州に進出 10月操業 エアコン塗装・改造」
日本経済新聞（2015・11・4）「トヨタ、東北に小型車集約、生産再編 国内300万台を維持」

<インターネットサイト>
河北新報ONLINE（2015・8・27）「＜トヨタ東日本＞参入促進 取り組み着々」
  http://www.kahoku.co.jp/tohokunews/201508/20150827_12005.html

【執筆・編集】
　小林英夫（早稲田大学自動車部品産業研究所）
　金　英善（早稲田大学自動車部品産業研究所・早稲田大学大学院アジア太平洋研
　　　　　　究科学術博士）
　マーティン・シュレーダー（九州大学准教授・早稲田大学大学院アジア太平洋研
　　　　　　究科学術博士）

　本書は、2012年から14年にかけて早稲田大学自動車部品産業研究所が実施した月例研究会の研究成果を研究所の活動成果として一冊の著作にまとめたものである。研究会では、これらの国々以外に南アフリカやオーストラリア、カナダの自動車産業の実態などが報告されたが、これらを新興国というジャンルでくくることに異論が出たため、今回は対象から外した。本書作成過程で調査、資料収集、執筆面で以下の各氏からご協力を得た。ここに記して感謝いたしたい。

【執筆協力】
　西田寿一（自動車評論家）
　イブスキ　ウゴ（早稲田大学自動車部品産業研究所・早稲田大学大学院アジア太
　　　　　　平洋研究科学術博士）
　堤一直（早稲田大学大学院アジア太平洋研究科　学術博士）
　二木正明（早稲田大学大学院博士課程）
　榎本勇太（早稲田大学大学院修士課程修了）

■編　者　小林英夫・金　英善・マーティン・シュレーダー

世界自動車部品企業の新興国市場展開の実情と特徴
　　　　　　　　2017年7月20日第1刷発行　定価3500円＋税

編　者　小林英夫・金　英善・マーティン・シュレーダー
装　幀　犬塚勝一
発　行　柘植書房新社
　　　〒113-0033　東京都文京区本郷1-35-13
　　　TEL03 (3818) 9270　FAX03 (3818) 9274
　　　http://www.tsugeshobo.com　郵便振替00160-4-113372
印刷・製本　創栄図書印刷株式会社
乱丁・落丁はお取り替えいたします。　　ISBN978-4-8068-0671-4　C3033

JPCA
日本出版著作権協会
http://www.e-jpca.com/

本書は日本出版著作権協会（JPCA）が委託管理する著作物です。複写（コピー）・複製、その他著作物の利用については、事前に日本出版著作権協会（電話03-3812-9424, e-mail:info@e-jpca.com）の許諾を得てください。